OPUSCULE CLASSIQUE

LE
LANGAGE DES NOMBRES

(AIDE-MÉMOIRE)

« Une place pour chaque chose, et chaque chose à sa place »

À L'USAGE
DES DIVERS ÉTABLISSEMENTS D'INSTRUCTION PUBLIQUE
DES ASPIRANTS, DES ASPIRANTES
AUX BREVETS DE CAPACITÉ, ETC.

PAR

E. A. TARNIER

Docteur ès sciences, officier de l'instruction publique
Ancien examinateur d'admission à l'école Saint-Cyr
Chevalier de la Légion d'honneur
Inspecteur de l'instruction primaire à Paris
Conseiller départemental de la Seine
Membre de la commission des examens de l'hôtel de ville (Paris)

PRIX : 1 FRANC

PARIS

IMPRIMERIE GÉNÉRALE   A. SAUTON, LIBRAIRE
9, RUE DE FLEURUS   RUE DU BAC, N° 41

L. LESORT
RUE DE GRENELLE-SAINT-GERMAIN, N° 3
1872

Voir le catalogue des publications à la 4e page de la couverture.

LE

LANGAGE DES NOMBRES

12.711. — PARIS, TYPOGRAPHIE LAHURE

Rue de Fleurus, 9

LE

LANGAGE DES NOMBRES

(AIDE-MÉMOIRE)

« Une place pour chaque chose, et chaque chose à sa place. »

A L'USAGE
DES DIVERS ÉTABLISSEMENTS D'INSTRUCTION PUBLIQUE,
DES ASPIRANTS, DES ASPIRANTES
AUX BREVETS DE CAPACITÉ, ETC.

PAR

E. A. TARNIER

Docteur ès sciences, officier de l'instruction publique
Chevalier de la Légion d'honneur
Ancien examinateur d'admission à l'école de Saint-Cyr
Inspecteur de l'instruction primaire à Paris
Conseiller départemental de la Seine
Membre de la commission des examens de l'hôtel de ville (Paris)

PARIS

IMPRIMERIE GÉNÉRALE ‖ A. SAUTON, LIBRAIRE
RUE DE FLEURUS, N° 9 ‖ RUE DU BAC, N° 41
L. LESORT
RUE DE GRENELLE-SAINT-GERMAIN, N° 3
1872

AU LECTEUR.

Gardez-vous de confondre cette publication avec les *brochures* de circonstance, qui, à peine lues, tombent dans l'oubli.

Il s'agit ici d'un opuscule véritablement utile au point de vue moral et instructif.

J'engage les élèves sérieux, laborieux, à le lire et à le méditer : ils ne tarderont pas à en reconnaître l'efficacité dans les Concours et les Examens.

Comme la multiplicité et la diversité des ques-

tions que je traite, forment une espèce de *panorama scolaire*, les élèves y trouveront un moyen
facile et attrayant de se remettre au travail après
le repos des vacances, c'est-à-dire à la rentrée des
classes au mois d'octobre prochain.

J'ai fait l'exposé sommaire du *langage des
nombres*, fondé sur le principe philosophique
des *analogies*, méthode mnémotechnique destinée
à devenir un instrument puissant entre les mains
de ceux qui la mettront en pratique.

Cette méthode contribuera, je l'espère, à vulgariser les connaissances utiles, à combattre ce qu'on
appelle l'ignorance publique, et à élever d'une
manière sensible le niveau des études.

Elle sera publiée l'année prochaine en quatre
parties séparées, formant quatre volumes, d'a-
près la progression des âges des élèves.

Les résultats déjà obtenus sur de simples indi-

cations, me permettent de compter sur un succès
que justifieraient dix années d'un travail long et
pénible.

E. A. TARNIER.

Paris, le 15 septembre 1872.

LE
LANGAGE DES NOMBRES

APPLIQUÉ A TOUTES LES BRANCHES

DE L'ENSEIGNEMENT POPULAIRE.

PREMIÈRE PARTIE[1].

I

MESDAMES, MESSIEURS,

Mes premières paroles seront pour remercier de son gracieux accueil dans cette enceinte, le savant modeste et l'homme de bien, M. Eugène Beluze, qui a attaché son nom à une œuvre utile et morale, comptant déjà vingt-deux années d'existence, celle du *Cercle Catholique du Luxembourg*. Cette institution, de plus en plus appréciée, et placée sous un haut patronage, a pour objet de préserver la *jeunesse des Écoles* des dangers de la vie parisienne, et de lui procurer tout ce qui peut être favorable à son bien-être, à ses études et, par conséquent, à son avenir.

---

1. Les personnes qui ont assisté à mes trois conférences sur le même sujet, sont les seules qui retrouveront dans leurs souvenirs tout le contenu de cette brochure; je les ai fondues en une seule. Ces conférences ont eu successivement lieu au Cercle Catholique du Luxembourg, au Cours de Mlle Desir, et au Cours de M. Clipet.

Je suis heureux aussi de remercier M. le Ministre
de l'Instruction publique de son obligeant empresse-
ment à approuver le sujet de ma conférence.

II

Maintenant que j'ai rempli mon premier devoir de
conférencier, je dois annoncer à l'auditoire nombreux,
brillant et sympathique, dont la présence ici est déjà
pour moi un gage de bienveillance, que mon but est
d'exposer en ce moment la *nouvelle méthode du langage
des nombres appliqué à toutes les branches de l'enseignement populaire*, enseignement qui, vous le savez, Messieurs, est à l'ordre du jour; enseignement qui, en vue
de notre *revanche intellectuelle*, préoccupe vivement les
esprits, à tel point que cette question scolaire est de-
venue une question nationale.

III

Avant d'entrer dans le cœur même de la question,
permettez-moi, Messieurs, de vous dire que, plus d'une
fois, j'ai été tenté d'abandonner mon travail, qui re-
monte à 1862, tant ce travail est vaste, complexe et
hérissé de difficultés. Mais à la suite des événements
qui viennent de bouleverser notre cher et malheureux
pays, et dans la pensée que ce travail contribuerait
peut-être à la reconstitution de l'édifice social, j'ai pu,
par un redoublement d'efforts, arriver au terme de la
tâche que je m'étais imposée.

Mais à combien de recherches il a fallu se livrer pour en venir à faire parler les *cent premiers nombres*, le plus utilement et le plus de fois possible! Que de doutes il a fallu lever! Que de savants il a fallu consulter, et surtout que de lectures il a fallu faire! Oh! je n'exagère pas quand j'avance ici que j'ai dû lire plusieurs milliers d'ouvrages, tant livres que brochures, et rédiger plusieurs milliers d'articles.

De pareils travaux, Messieurs, ne s'improvisent pas, et justifient les défaillances dont je viens de vous parler. Mais, me suis-je *encore* dit, la France est aujourd'hui dans une situation telle qu'elle a besoin du concours dévoué de tous ses enfants, sans en excepter les plus obscurs, et je suis de ce nombre; oui, la France est dans une situation telle, que chacun de nous, guidé par son patriotisme, doit contribuer, dans la mesure de ses forces, de ses moyens et de ses lumières, à la régénération morale de la nation, régénération qui sera d'autant plus prompte et efficace, que chacun de nous fera ce qu'il peut, que chacun de nous fera ce qu'il doit; oui, que tout le monde, petit ou grand, riche ou pauvre, fasse son devoir, et Dieu fera le reste, parce que Dieu aide toujours ceux qui s'aident eux-mêmes et qui méritent son appui.

IV

Ceci dit, Messieurs, j'aborde la partie technique de la méthode: rassurez-vous, je serai aussi bref que possible.

J'ai d'abord à résoudre deux questions capitales,

fondamentales, très-propres à vous donner une première idée du but que je me suis proposé.

Première question. Qu'est-ce que faire parler un nombre donné sur un sujet donné ?

Réponse. C'est citer à propos une chose utile renfermant le nombre donné dans son énoncé.

Je fais, par exemple, parler le *nombre trois* en *histoire sainte*, quand je dis :

Les *trois* fils de Noé.

Je fais parler le *nombre quatre* avec les choses usuelles de la vie pratique, quand je dis :

Les *quatre* saisons ;

Le *nombre cinq*, quand je dis :

Les *cinq* sens,

Et, ainsi de suite.

Deuxième question. Qu'est-ce que grouper des nombres dans le langage des nombres ?

Réponse. C'est mettre ensemble et en ordre les choses diverses et utiles renfermant toutes le même nombre dans leur énoncé.

Remarquez, tout de suite, que ce nombre devient un *lien de parenté*, un *point de repère*, un *instrument mnémotechnique*.

Je fais, par exemple, un groupe en histoire sainte, quand je dis :

Les *douze* fils de Jacob,

Les *douze* tribus d'Israël,

Les *douze* Apôtres.

Je fais un groupe encore plus frappant quand, en me servant des livres classiques officiellement adoptés, je relève trente-trois fois le *nombre trois* dans la vie de Jésus-Christ.

La première définition, vous le voyez, m'a imposé un travail de *recherches*, et la seconde un travail *d'arrangement*. J'ai donc dû tout d'abord me procurer des matériaux, pour ensuite les distribuer dans le meilleur ordre possible. Oui, j'ai dû commencer par chercher, et, pour me servir d'une comparaison, par butiner à la façon des abeilles, allant aux meilleures fleurs pour avoir le meilleur suc, et, par suite, le meilleur miel ; après quoi j'ai mis chaque chose dans son compartiment, et, si je puis m'exprimer ainsi, dans la cellule de la ruche scolaire, et cela, d'après la sage maxime de Franklin :

Une place pour chaque chose, et chaque chose à sa place.

Le travail de recherches est évidemment plus pénible que celui de la classification. Toutefois, le groupement des matériaux exige une grande circonspection, quand ces matériaux sont très-nombreux. C'est ce qui arrive avec les petits nombres ; c'est comme dans le monde des oiseaux : ce sont les plus petits qui chantent le plus, et qui chantent le mieux. S'agit-il, par exemple, des faits historiques reliés entre eux par le même nombre, il faut les ranger dans un ordre chronologique rigoureusement exact.

Tel est, Messieurs, le prem ier aperçu de ma méthode.

V

Ses principaux avantages sont au nombre de cinq.
Je vais les énumérer successivement.

Premièrement, je ne touche ni aux livres, ni aux
méthodes d'enseignement en usage dans les établissements scolaires.

Secondement, je substitue le concret à l'abstrait dans
le premier enseignement du calcul mental ou chiffré.

Troisièmement, l'élève subit à son insu la salutaire
influence du *principe philosophique des analogies*, d'après
Descartes et Pascal.

Quatrièmement, je viens en aide aux mémoires les plus
ingrates, les plus rebelles, les plus réfractaires.

Cinquièmement, je contribue, dans la mesure de mes
forces, à déraciner cette ignorance publique que l'on ne
cesse de nous reprocher, soit de vive voix, soit dans les
journaux et autres écrits périodiques.

Maintenant, je reprends chacun de ces articles en
particulier, pour ne laisser aucun doute dans vos
esprits.

Premièrement, je ne touche ni aux livres, ni aux méthodes. La raison en est bien simple ; le *nombre* est
placé dans des régions si élevées ; le nombre plane
si haut, qu'il est indépendant de tel ou tel procédé
pédagogique.

Quand, par exemple, je dis : les *trois* parties du catéchisme ; peu importe lequel. Quand je dis : les
deux premiers fils d'Adam et Ève ; peu importe l'histoire sainte. Quand je dis : Les *vingt-cinq* lettres de notre
alphabet ; peu importe la grammaire, et ainsi de suite.

— Je ne demande aux maîtres qu'une chose : l'exactitude des nombres dont ils se servent dans leur enseignement. Je ne suis donc pas un perturbateur, un révolutionnaire scolaire ; je ne cherche donc pas à substituer un plan d'étude à un autre déjà existant ; non, je le tenterais que je n'y réussirais pas : inutile de dire pourquoi ; mon rôle est plus modeste. Je me borne à dire aux membres du corps enseignant :

« Continuez à suivre la marche didactique qui vous paraît la meilleure ; continuez à enseigner avec les ouvrages qui ont été de votre part le résultat d'un examen sérieux ; seulement, quand, après avoir suivi ces ouvrages page par page, date par date, époque par époque, s'il s'agit d'histoire, vous reviendrez sur vos pas pour reprendre le tout en sous-œuvre, en vue de faire ce que vous appelez la *récapitulation*, la *révision;* alors, gardez-vous bien de parcourir dans le même sens et dans toute sa longueur la route primitivement suivie : la logique vous le défend. C'est que, en effet, le moment est venu pour vous de *rapprocher*, de *juxtaposer* les choses ayant entre elles une analogie plus ou moins frappante, et qui, dans votre premier enseignement, se trouvaient forcément séparées les unes des autres ; eh bien ! ce rapprochement, fondé sur le principe des analogies, vous l'obtiendrez avec le langage des nombres ; c'est alors, n'en doutez pas, que je deviendrai pour vous un *auxiliaire*, un collaborateur presque nécessaire, parce que je vous offrirai un moyen simple et naturel de dire le dernier mot sur la partie enseignée ; c'est ainsi que vous augmenterez les chances de succès de vos élèves dans les concours et les examens. »

Secondement, dès le début en arithmétique, je substitue le concret à l'abstrait.

Disons d'abord que l'enfant ne prendra véritablement goût à l'étude des nombres que lorsque ces nombres, au lieu d'être pour lui quelque chose d'idéal, d'imaginaire, parleront à son esprit, et, parfois, serviront à le récréer tout en l'instruisant.

Pourquoi, par exemple, les enfants de la *salle d'asile*, *école maternelle*, dont, soit dit en passant, je suis un grand admirateur, quoique je la critique dans quelques détails ; oui, pourquoi, alors que ces enfants connaissent déjà les *noms des cent premiers nombres*, continuent-ils à dire simultanément, et réglementairement, au fur et à mesure que les cent boules du *boulier-compteur* glissent, une à une, sous les doigts de la maîtresse :

un,
deux,
trois,
quatre,
. . . .
. . . .
. . . .
cent.

Comme c'est instructif, et surtout récréatif !

Au lieu de cela, m'adressant aux *Directrices*, je leur dirai : Faites parler les nombres, en les choisissant convenablement parmi les choses que vous enseignez ; composez des *numérations parlées* instructives qui se succéderont au fur et à mesure qu'elles seront apprises ; faites faire de petites additions, de petites soustractions, etc., avec des nombres empruntés à l'histoire sainte, à la géographie, à l'histoire de notre pays, et surtout aux choses de la vie réelle, et vous ne tarderez pas à constater les bons effets de ce que j'indique.

Voici un spécimen de l'une de ces numérations avec l'histoire sainte :

Un créateur du ciel et de la terre [1] ?
Les *deux* fils jumeaux d'Isaac et de Rébecca ?
Les *trois* fils de Noé ?
Les *quatre* devoirs des enfants envers leurs parents ?
Les *cinq* plaies du Christ mort sur la croix pour la Rédemption du genre humain ?
Les *six* jours de la création ?
Les *sept* péchés capitaux ?
Les *huit* personnes réfugiées dans l'arche de Noé ?
Les *neuf* chœurs des anges ?
Les *dix* plaies d'Égypte ?
Les *onze* étoiles dans le songe de Joseph ?
Les *douze* fils de Jacob ?
Les *treize* enfants de Jacob, sa fille comprise ?

. . . .
. . . .

Les *quarante* jours et les *quarante* nuits de pluie continuelle, ou le Déluge universel.

. . . .

Les *quarante-deux* méchants enfants qui injurient le prophète Élisée, et leur terrible châtiment.

. . . .

Les *cent* ans consacrés à l'arche de Noé.

Composez aussi une numération avec ce que, dans le langage scolaire, on appelle les *leçons de choses* (causeries familières sur les choses plus ou moins pratiques de la vie journalière), et vous donnerez encore mieux aux enfants le goût de l'arithmétique; il y

---

1. L'ouvrage fera connaître les réponses aux questions proposées.
Nota. Le *point d'interrogation* indique qu'il y a une réponse à faire. Le *point final* est l'indication d'un fait sans réponse.

a plus, vous leur montrerez que les nombres ne servent pas seulement à compter des boules, comme ils sont portés à le croire. Voici encore un spécimen pour ce que je vous indique :

Un pays qu'il faut surtout aimer ?

Où serait l'inconvénient que les enfants de la génération de l'avenir se missent à crier à tue-tête à la sortie de l'école :

Vive la France !

A coup sûr, les sergents de ville, pardon ! les gardiens de la paix laisseraient faire ces petits patriotes ; c'est qu'en effet ce cri n'aurait rien de révolutionnaire ; puis, nous crions si souvent :

A bas !

qu'il n'est pas mauvais que, parfois, nous criions le contraire.

Je continue mon énumération puisqu'elle a l'air de vous plaire.

Les *deux* oiseaux de jour qui chantent la nuit ?

Je connais assez les enfants pour vous dire qu'ils seront bien aises d'entendre parler du *Coq* et du *Rossignol*, surtout de la leçon de musique que ce dernier donne à ses nouveau-nés. C'est qu'en effet une couvée de rossignols est comme la miniature de notre excellent Conservatoire de musique à Paris.

Règle générale : l'enfant se plaît dans la compagnie des animaux. Je continue.

Les *trois* estomacs de la poule ?
Les *quatre* estomacs du bœuf ?

Nous, nous n'avons qu'un estomac ; s'il est bon, cela

nous suffit. Mais, hélas ! que de gens font tout ce qu'il
faut pour l'avoir mauvais, et compromettre leur santé !

Manger à des heures irrégulières ; manger peu de
viande et beaucoup de crudités et des choses acides ;
avaler sans mâcher, à la façon du glouton. — Fumer
du matin au soir, de manière à se mettre la poitrine à
sec à force de cracher. Je connais des fumeurs qui fu-
ment même dans leur lit orné de rideaux, ce qui
prouve que les propriétaires ont bien raison de faire
assurer leur maison contre l'incendie. Quant à la *santé*
dont nous faisons si bon marché, c'est encore ce qu'on
a trouvé de mieux pour nous faire supporter notre
pauvre et chétive existence.

Encore quelques nombres.

Les *cinq* sens?

A propos des cinq sens, ne vous formalisez pas de
ce que je vais vous dire ; d'ailleurs, vous le savez, une
conférence n'est pas un discours solennel ; c'est une
causerie qui admet, comme en musique, les deux tons :
le ton grave et le ton léger. Eh bien ! le bon Dieu
nous a donné *une* langue et *deux* oreilles ; ce qui veut
dire que nous devons plus écouter que parler ; et nous
faisons juste le contraire. Il y en a même qui ont une
intempérance de langage telle, que si vous discutez
avec eux, il vous est impossible de placer un seul
mot ; ces braves gens font la demande et la réponse ;
c'est le moyen d'avoir toujours raison. Voyez d'ailleurs ce qui se passe dans nos assemblées parlemen-
taires avec les *interrupteurs*. En France, nous ne savons
pas écouter, et cependant le poëte a dit :

> *Le talent le plus rare et le plus nécessaire,*
> *C'est de parler à temps et de savoir se taire* [1].

---

1. Les Orientaux disent : *La parole est d'argent et le silence est
d'or.*

Les *sept* jours de la semaine?

On continue à croire, contrairement au Dictionnaire de l'Académie (les mathématiques n'ont rien à voir dans cette question; c'est une affaire de convention), oui, on continue à croire que la semaine commence un *lundi* au lieu d'un *dimanche*; c'est fâcheux. Pourquoi? Je vais vous le dire. L'ouvrier, je parle du mauvais ouvrier, fait le raisonnement que voici :

« La semaine *commence* un lundi; eh bien! pour bien commencer la semaine, je ferai mon lundi. »

Or, vous savez que *faire le lundi*, c'est s'amuser, c'est aller au cabaret, ou ailleurs. Nous avons donc tout intérêt à répandre dans les masses que le dimanche, jour de repos, est bien véritablement le commencement de la semaine; alors, l'ouvrier en viendra peut-être à se dire : «Puisque j'ai commencé la semaine en me reposant et en m'amusant, je n'ai pas de lundi à faire; » ce sera, vous le voyez, un jour de plus de travail de gagné, et alors les enfants, n'étant plus retenus par leurs parents, iront le lundi à leur école.

Continuez à faire ainsi jusqu'à cent, dirai-je encore aux Directrices, ce que je viens de vous indiquer pour les sept premiers nombres, et vous aurez un boulier-compteur autrement instructif que le boulier-officiel.

Parfois le langage des nombres renferme un certain engrenage qui ne manque jamais son effet dans l'enseignement enfantin, par exemple, celui des nombres de *dents*, des nombres de *pattes* d'animaux. Voici encore une indication :

Les *trois* paires de pattes des insectes.

On joue à « *Hanneton vole!* »; puis, quand certain petit garçon a bien joué avec ce coléoptère, il lui arrache les ailes, les pattes et la tête. Cruel envers les animaux, on le sera plus tard envers son semblable. Dès que vous voyez apparaître un mauvais instinct chez un enfant, combattez-le énergiquement; plus tard, ce serait trop tard.

Les *quatre* paires de pattes des araignées.
Les *cinq* paires de pattes des écrevisses.

. . . .

A propos de l'écrevisse, demandez donc au gourmet qui a les moyens d'en manger, et d'en manger souvent, combien ce crustacé a de pattes; il vous répondra ironiquement :

« Monsieur, je ne m'occupe pas de ces choses-là; je mange l'écrevisse et ne l'étudie pas. » Oh! c'est bien cela; ce sont les choses les plus vulgaires de la vie de chaque jour que nous connaissons le moins.

Je reviens aux principaux avantages de la méthode.

Troisièmement, l'enfant, soumis au langage des nombres, subira, à son insu, l'influence de la méthode; cela est évident, puisqu'il la pratiquera dès ses plus jeunes années.

Ce n'est que plus tard qu'il en sentira les bons effets; habitué de bonne heure à mettre de l'ordre dans ses idées, il en mettra plus tard dans ses affaires; par exemple, il ne confondra pas le carton des factures *à payer* avec celui des factures *acquittées*; il y a là, vous le voyez, Messieurs, tout un système d'éducation.

Quatrièmement, je viens en aide aux mémoires les plus réfractaires. Une comparaison me suffira pour vous le démontrer.

Pourquoi un tableau accroché à un clou, je parle d'un bon clou, comme je parle d'un bon nombre, ne tombe-t-il pas? Parce que le clou sert à le retenir. Eh bien, le nombre produit le même effet; à ce sujet, voici ma formule :

Le NOMBRE *est au souvenir d'un fait ce que le* CLOU *est au tableau auquel il est accroché.*

Il y a plus, car il faut tout prévoir : si les choses nous sortent de la tête, elles y rentrent, les unes par les autres, à la faveur du *lien de parenté* qui les unit.

Cinquièmement Et en dernier lieu, je contribue, pour ma part, à déraciner ce qu'on appelle l'ignorance publique, ignorance dont, j'ose à peine l'avouer, on a fait une sorte de *carte géographique*. Avais-je raison de dire, dans le préambule, que le moment était venu pour chacun de nous d'apporter sa pierre à l'édifice à reconstruire?

Eh bien, les résultats déjà obtenus me permettent de vous dire que le langage des nombres, par sa forme piquante, originale, est très-propre à vulgariser ce qu'il faut savoir aujourd'hui pour n'avoir, en fait d'instruction, à rougir devant personne Il est donc de l'intérêt général de le populariser.

VI

Il y a vraiment lieu de s'étonner, Messieurs, de la tardive apparition de la méthode, alors que les nombres sont partout : en haut comme en bas.

En haut : Platon disait : *Les nombres régissent les mondes.* Pythagore et Képler croyaient à l'harmonie céleste des nombres. De nos jours, feu Arago se plaisait à dire dans son Cours d'Astronomie populaire à l'Observatoire de Paris :

Inclinons-nous devant la Majesté des chiffres.

Politiquement parlant, voyez en passant ce privilége des nombres :

Les Majestés couronnées s'en vont, et les Majestés des nombres nous restent.

Pourquoi? Parce que ces dernières sont assises sur un trône à l'abri d'un coup d'État, d'une Révolution. Oh! pour celle-là, nous ne la ferons pas, tout habiles que nous soyons en pareille matière. De ce côté donc, nous sommes tranquilles; c'est bien quelque chose pour un pays qui a déjà subi tant d'évolutions au préjudice des Caisses de l'État.

Quant aux nombres *d'en bas*, tout le monde les connaît, et parfois ne les connaît que trop.

Le *Doit* et *Avoir* du commerçant, autrement dit, son *Actif* et son *Passif*; le petit budget des recettes et le gigantesque budget des dépenses; nos comptes particuliers à vérifier, à solder; nos loyers à payer : trois mois sont si vite écoulés! Ainsi, partout les nombres, toujours les nombres; et chose singulière! nous n'en tirons qu'un médiocre parti; ingrats que nous sommes, nous ne leur rendons pas les honneurs qu'ils méritent.

Cela, Messieurs, est d'autant plus impardonnable, que nous avons le *langage des animaux* avec Ésope et La Fontaine, et le *langage des fleurs* avec les poëtes et les prosateurs; pourquoi donc n'aurions-nous pas le *langage des nombres?* Est-ce que, par hasard, le nom-

bre ne vaudrait pas la bête et la fleur ? Permettez-moi
d'ajouter que le langage des fleurs n'est qu'une œuvre
d'imagination renfermant de fort jolies choses, mais
parfois très-contestables. Ainsi, quand je lis :

*Le chardon est le symbole de la bêtise, parce que l'âne
en est très-friand*, je me demande s'il est bien vrai que
l'âne soit bête ; entêté, oui ; mais si tous les en-
têtés étaient des imbéciles, je ne me chargerais pas
d'en dresser la liste. Comment! voilà un animal qui
nous débarrasse d'une *plante nuisible*, comme le chardon, et nous disons qu'il est bête. Oh! de grâce, n'in-
tervertissons pas les rôles! Lors donc qu'un profes-
seur de mathématiques, que j'ai connu, disait avec sa
voix sépulcrale :

Mon ami, vous êtes un âne, on pouvait lui répondre :
« *Maître, merci.* »

Puis, l'*âne est mélomane*; l'âne aime, sent et comprend
la musique, alors qu'il y a tant de gens qui y sont in-
sensibles ; oui, je le répète, l'âne est mélomane; vous
riez, je vais vous le prouver.

C'était à la campagne, loin du fracas de la vie parisienne, dans le calme et la solitude; c'était par une belle
soirée d'été, à la nuit tombante, alors que les fleurs
des jardins répandent avec profusion leurs parfums
embaumés : le ciel était pur et les astres commençaient
à briller à l'horizon; en un mot, c'était à l'heure des
rêveries et de la mélancolie. Les fenêtres d'un riche
appartement étaient toutes grandes ouvertes. Une
femme jeune, belle, bonne, une vraie sœur de charité,
était à son piano, et chantait, en s'accompagnant,
l'*Adieu à la vie*, musique de Chopin. Sans s'en douter,
cette personne était religieusement écoutée, par qui?

Par un *âne* d'une belle apparence ; par un âne mis au vert dans l'une des cours du château ; par un âne à la fleur de l'âge, celui des douces illusions de la vie ! Debout, immobile, l'œil fixe, les oreilles droites et fermes pour mieux écouter, l'animal était comme fasciné par une voix tour à tour suave et vibrante. Tout à coup, Martin, c'est son nom, rompt la corde qui le retient attaché à un arbre ; puis, monter, quatre à quatre, les escaliers qui conduisent au salon ; en enfoncer les portes ; s'y précipiter avec enthousiasme, et rouler avec reconnaissance aux pieds de la belle châtelaine, pétrifiée par une démonstration aussi inattendue ; tout cela, Messieurs, fut l'affaire d'un instant. Dites encore que l'âne est bête !

A côté de ce récit véridique, quoique invraisemblable, se place une réflexion. Quand j'entends bavarder autour de moi, alors que j'écoute avec recueillement une de ces mélodies qui vont droit à l'âme, et qui feraient pleurer, si on osait pleurer en public ; quand j'entends ricaner, alors que je suis sous la douce émotion d'un *solo de violon* exécuté par Vieuxtemps, ou son ami Léon Reynier, ces grands maîtres dans l'art musical ; oh ! je vous l'avoue, je suis tenté de dire assez haut pour être entendu :

Quand on n'aime pas la musique, on ne vient pas au concert.

Puis, me reportant à mon histoire de l'âne, j'établis entre l'homme et la bête un parallèle qui n'est pas au désavantage de cet animal bon, doux, patient, travailleur, honnête, sobre, n'allant jamais au cabaret, vivant de peu, nous rendant toutes sortes de services en échange des durs traitements que, dans notre ingratitude, nous lui faisons subir ; de cet animal admirablement peint par Buffon ; de cet animal, enfin, si bien nommé le *cheval du pauvre.*

2

Encore un mot avant de passer à un dernier article.

Ma méthode est déjà suivie dans plusieurs grands établissements scolaires, et cela sur une simple indication de ma part, ce qui parle en sa faveur.

Je pourrais vous citer un pensionnat de jeunes filles où les choses se passent comme je vais vous le dire.

Ces demoiselles sont à la récréation, dans un magnifique parc aux belles allées, et bien ombragé. C'est Mlle Laure, jeune pensionnaire très-éveillée, intelligente et studieuse ; oui, c'est elle qui va ouvrir le feu ; s'adressant bravement à Mlle Berthe, elle lui dit :

« J'ai trouvé un beau nombre.

— Bah ! pas possible !

— Oui.

— Voyons. »

Contestation ; on gesticule, on s'anime, on s'emporte, et vite, on court aux livres et aux cahiers ; les compagnes de ces deux vaillantes filles se mêlent de la partie, et voilà tout le pensionnat en révolution ; bref, on en appelle au jugement des maîtresses. C'est vous dire, Messieurs, comment, grâce aux nombres, une récréation proprement dite devient une *récréation scolaire* instructive et amusante.

Encore une citation. C'est Mlle Valentine (elle va subir ses examens) qui pousse un cri perçant au beau milieu de l'étude ; rappelée à l'ordre par la sous-maîtresse, la jeune fille s'excuse en ces mots :

Pardon, mademoiselle, c'est que je viens de trouver un nombre.

Cette chère enfant n'avait pu contenir la joie d'avoir fait, je me sers de sa propre expression, une *découverte*.

Qui sait? le moment n'est peut-être pas éloigné où l'on fera du langage des nombres un petit jeu de société; on jouera aux nombres, comme on joue au loto, aux dames, etc., et les choses n'en iront pas plus mal.

VII

Je n'ai plus qu'un point à examiner. Où ai-je puisé mes matériaux? Le titre même de la méthode l'indique; c'est dans les diverses branches de l'enseignement populaire; je vais les passer en revue rapidement.

En premier lieu, le *Catéchisme*, le catéchisme chrétien, cet excellent recueil des trésors de la sagesse et de la science de Dieu.

Oh! je ne suis pas de ceux qui disent qu'il faut déchirer les catéchismes dans les écoles, décrocher les crucifix et briser les statuettes de la Sainte Vierge (ces prétendus emblèmes de la superstition). L'enfant, quel qu'il soit, doit recevoir une éducation religieuse et morale. L'enfant qui ne croit à rien est un enfant perdu pour la société. Plus tard, il sera capable de tout, excepté de faire le bien.

Pendant le premier siége, j'ai un peu fréquenté les clubs; j'ai voulu voir par moi-même jusqu'où pouvait descendre la folie des hommes. Déjà, en 1848, j'avais entendu des choses si étranges, mais seulement au point de vue politique (Dieu n'était pas encore mis en question), qu'à une certaine séance, je crus devoir poser cette question au président du club des clubs :

« Citoyen président,

« Charenton est-il en France, ou bien la France est-elle à Charenton ? »

Mais, en 1870-1871, j'ai pu constater que nous étions en progrès ; je n'invente pas, je raconte. « Citoyens, s'écrie un orateur qui revenait du comptoir d'étain brillant comme on les fait aujourd'hui : le moment est enfin venu de faire nos affaires nous-mêmes ; mettons le bon Dieu à la porte ; d'ailleurs, il doit être bien vieux depuis le temps qu'on en parle [1]. »

Malheureux ! aurait-on pu lui dire, si vous mettez le bon Dieu à la porte, vous serez obligé de le PRIER de rentrer par la fenêtre.

« Citoyens, s'écrie ailleurs un autre législateur plus ou moins absinthé, un Horace des cabarets (c'est un poëte, me dit mon voisin), citoyens, je suis athée, Dieu merci ! » En voilà un qui, malgré son regard olympien, comprenait bien le sens des mots, et qui était fort sur la grammaire : Dieu, nous dit-il, n'existe pas, et il invoque son témoignage ; comprenne qui pourra ! C'est le cas de rappeler cette parole célèbre :

« N'est pas athée qui veut. »

Tel qui se croit athée demandera les secours de la religion, lorsqu'il saura qu'il n'a plus qu'une heure à vivre.

Donc, le catéchisme. C'est le *nombre trois* qui le résume en grande partie.

---

1. Mettre à la porte un bon et vieux serviteur ! comme c'est généreux ! Chose singulière ! celui qui disait cela s'appelait *Théophile,* nom qui signifie : *j'aime Dieu.*

Après le catéchisme vient l'*Histoire sainte*, dont les récits bien choisis servent à instruire et à moraliser les enfants.

L'histoire de Joseph vendu par ses frères. La jalousie arme le bras du premier fratricide, et la jalousie nous rappelle l'histoire de la citerne au désert.

Joseph reconnu par ses frères, alors que, depuis neuf ans, il administre l'Égypte en qualité de ministre du Pharaon ; Joseph reconnu par ses frères, mais pas avant d'avoir fait venir son cher Benjamin, fils comme lui de Jacob et de Rachel. Cette scène est toujours touchante à raconter : Joseph, vous vous en souvenez, ne pouvant plus contenir ses larmes, s'écrie : « *Oui, je suis Joseph votre frère ;* » et au lieu de punir, il pardonne.

Cet épisode a été mis sur notre scène lyrique par Méhul. Son œuvre est remarquable par la couleur antique et l'onction religieuse. Qui ne connaît la romance de Joseph !

L'histoire du petit Moïse : Jocabed, Marie et Thermuthis : la mère, la sœur de l'enfant, et la fille du roi, sa libératrice, sont les principaux acteurs de ce drame célèbre dans l'histoire du peuple de Dieu. La crèche du Nil ! plus tard, la crèche de Bethléem ! Dieu veille sur la première ; plus tard, Dieu veillera sur la seconde.

L'histoire de Débora, prophétesse et guerrière. Quel patriotisme dans son cœur ! Oh ! que n'avons-nous eu une Débora, ou une Jeanne d'Arc, ou seulement une Jeanne Hachette dans nos récents malheurs ! Mais non, pas une femme, pas un homme ! enfants maudits que nous étions ; voilà où l'incrédulité et l'indiscipline conduisent les peuples imprévoyants et vaniteux. Oui, Débora, juge en Israël ; Débora, qui rendait la justice à l'ombre d'un palmier, comme, plusieurs siècles plus tard, devait la rendre un roi de France, à l'ombre d'un chêne !

*L'histoire de la fin tragique d'un père trop faible envers
ses enfants.*

> Pour ses coupables fils
> Père trop indulgent,
> De sa faiblesse Héli
> Porte le châtiment.

L'histoire de David : tout n'est pas moral, je le sais,
dans la vie du roi-prophète; mais quel repentir! Puis,
j'y vois une amitié célèbre, chose si précieuse et si
rare! Jonathas aimait David, et David aimait Jonathas.

L'histoire de Ruth et Noémi : la pauvre Noémi, frap-
pée dans ses affections les plus chères. Elle n'a plus
d'époux; ses fils Mahalon et Chélion, maris de Ruth et
d'Orpha, sont morts; rien ne la retient plus au pays
de Moab; elle va gravir les hauteurs de Bethléem
sa ville natale; c'est alors que Ruth s'attache à ses pas,
et s'écrie : « Jamais je ne me séparerai de la mère de
mon époux; votre peuple sera mon peuple; votre Dieu
sera mon Dieu; il n'y a que la mort qui puisse jamais
nous séparer. »

Compte-t-on aujourd'hui beaucoup de belles-mères
ainsi obsédées par leurs brus?

Enfin, *l'histoire de l'Enfant Jésus.*

L'histoire sainte m'a fourni de nombreux matériaux;
les nombres *trois*, *sept* et *quarante* y sont très-abon-
dants; ce sont, en quelque sorte, des nombres sacrés.

Le nombre *quatre-vingt-deux* est un nombre réfractaire dans toutes les branches de notre enseignement;
il m'a tenu en échec pendant plusieurs années; je l'ai
mis au concours dans des maisons d'éducation; j'ai cependant fini par le faire parler, bien entendu sans lui
faire violence, parce que le langage des nombres n'est
pas une affaire de fantaisie. Là où il n'y a rien à ré-

colter, on ne récolte rien; l'essentiel est de ne pas laisser derrière soi de bons épis sans les ramasser.

Vient ensuite la *Grammaire :* le nombre deux en fait presque tous les frais. — Le temps est passé où l'on pouvait dire impunément :

Je vais à la mairerie.

Qui dit grammaire dit orthographe. Chose singulière! c'est ce mot orthographe qu'en général les enfants des écoles ne savent pas écrire; par contre, ils écriront correctement des mots scientifiques qui n'ont pas la même importance.

Après la grammaire, j'ai fait appel à l'*Histoire de France*, surtout à la France contemporaine. A quoi bon tant parler des rois fainéants? Leur histoire est confuse et dépourvue d'intérêt; à mon avis, les Mérovingiens fainéants ne méritent qu'une chose : être oubliés. Puis, l'enfant est parfois malin : « Un roi, peut-il se dire, d'après la définition qui m'en a été donnée, est un homme chargé de travailler du matin au soir, à faire le bonheur de ses sujets, par conséquent le mien; et voilà qu'on m'apprend qu'il y a des souverains qui s'amusent, qui vivent dans la fainéantise ; et comme le bon exemple doit venir d'en haut, je ne vois pas pourquoi, moi, je travaillerais; allons ! je ferai l'école buissonnière. » Choisissons mieux nos modèles ; pourquoi ne pas apprendre aux élèves les noms des *ouvriers illustres ?* Pourquoi ne pas leur apprendre les noms des principaux *bienfaiteurs de l'humanité ?* Il est honteux qu'un enfant sorte de l'école, sans savoir qui a découvert la vaccine, qui a inventé le paratonnerre, qui a introduit en France la pomme de terre alimentaire; puis, n'y a-t-il pas une sorte d'ingratitude à taire les noms de ceux qui ont consacré leur vie à faire le bien?

Thomas Corneille avait raison quand il disait :

« Honorez les grands hommes, et vous les verrez naître en foule. »

Après l'histoire, parlons de la *Géographie :* elle se prête très-bien au langage des nombres

Le brevet d'ignorance qui nous a été délivré dans notre funeste guerre de 1870-1871, prouve à quel point je suis dans le vrai quand, depuis longtemps, je ne cesse de dire : *Enseignez donc la géographie locale.*

Quand je pense que nous avons confondu les quatre points cardinaux; les forts du Sud avec les forts de l'Est; quand je pense que parfois, faute d'une bonne orientation, nous marchions droit sur un poste prussien, croyant lui tourner le dos; tout cela est déplorable. Avant la guerre, vous eussiez demandé à une personne du monde ce que c'était que le *Bourget,* qu'elle vous aurait répondu : « Je ne connais pas ces choses là. »

Malheureusement pour nous, nos ennemis la connaissaient bien, cette petite commune du Bourget. Pourquoi? Parce qu'ils ont constamment la carte sous les yeux.

Tenez, voyez comment les choses se passent. Voilà des enfants qui fréquentent la salle d'asile; parmi eux s'en trouvent qui sortent de la crèche, eh bien! à un moment donné, on déroule devant eux une carte immense; c'est celle de l'*Europe;* on leur parle des *cinq parties du monde* et, par conséquent, de l'Océanie; tout cela est sans doute excellent; mais que l'enfant vienne à se perdre dans Paris, et c'est ce qui arrive souvent; où le conduira-t-on? Est-ce chez Papa et Maman? Non, le pauvre petit ne sait pas où ils demeurent. Chez qui donc? Chez le commissaire de police. Puis paraîtra au *Journal officiel* le signalement du bonhomme (ou de la petite fille) pour que ses parents aillent le réclamer.

A mon avis, la meilleure question de géographie à apprendre à des enfants au-dessous de six ans, c'est le domicile de leur famille. Quand donc en viendrons-nous à étudier les choses véritablement utiles?

Après la géographie, plaçons l'*Arithmétique*. Aujourd'hui, qui ne sait calculer n'est bon à rien.

A propos de l'arithmétique, j'ai surtout mis à contribution le *système métrique*. Vous savez, et c'est bien dans notre caractère, que nous avons la prétention de l'imposer au monde entier. Eh bien! je n'exagère pas quand je dis que, depuis nos récents désastres, nous sommes revenus à l'ancien système des poids et mesures. Jamais on n'a autant parlé qu'aujourd'hui de *sous*, de *livres*, d'*arpents*, de *chopines* et de *boisseaux*.

Causez-en avec les Vérificateurs des poids et mesures, et vous apprendrez d'eux qu'à la faveur du mélange des anciens et des nouveaux poids, certains marchands trompent indignement les acheteurs. Combien de pauvres gens meurent de faim victimes de la vente aux faux poids! Il est temps que le Gouvernement ouvre les yeux sur de pareils abus.

Ce n'est pas tout; vous n'ôterez pas de la tête de bien des gens que *le décimètre carré est la dixième partie du mètre carré*. C'est la seule question d'arithmétique que je veuille traiter devant vous. Je vais vous montrer qu'en mathématiques la logique est inflexible. Pour cela, faisons ce qu'on appelle une *réduction à l'absurde*.

D'une part, le décimètre carré est le *dixième* du mètre carré.

D'autre part, le décimètre carré est le *centième* du mètre carré.

Deux choses séparément égales à une troisième, sont égales entre elles; c'est un *axiome*.

Donc, un dixième de mètre carré égale un centième de mètre carré.

A la rigueur, je pourrais m'arrêter là; mais pour être mieux compris, je conduirai mon raisonnement jusqu'à son extrême limite. Nous voici arrivés à ce que :

$$\frac{1}{10} = \frac{1}{100}.$$

Chassant les dénominateurs, il vient :

$$100 = 10,$$

ou

$$10 = 100.$$

Or, si de quantités égales on retranche des quantités égales, les restes sont égaux entre eux ; c'est un autre axiome.

Donc, $\qquad 10 - 10 = 100 - 10,$

ou $\qquad 0 = 90 ;$

par suite, $\qquad$ 0 fr. 0 c. $= 90$ fr.;

par suite aussi, $\qquad$ 0 fr. 0 c. $= 3$ milliards.

Si cela est, portons-les bien vite à nos envahisseurs, ces 0 fr. 0 cent., et qu'ils évacuent le territoire. Mais l'Allemand sait compter (1814 et 1815 ; 1870-1871 nous l'ont prouvé), et vous verrez comment vos 0 fr. 0 cent. seront accueillis. La réduction à l'absurde est donc manifeste ; dès lors, le point de départ est faux ; c'est que, en effet, le décimètre carré doit être défini : *un carré qui a un décimètre de chaque côté*. Tenez, je me souviens très-bien qu'en 1832, à propos d'une loi de finance, la chambre des députés tomba dans la faute que je viens de signaler. Dieu sait comment nos législateurs furent bafoués par les petits journaux de l'époque. Bref, la chambre des pairs, la chambre *Haute*, comme on disait alors, fut obligée de rectifier la bévue de la chambre *Basse*. « Cela ne serait pas arrivé, disait-on, si M. Arago s'était trouvé ce jour-là à la Chambre. »

Qu'est-ce que cela prouve ?

Cela prouve que lorsqu'on vote une loi, les députés doivent être à leur poste.

Après le système métrique, j'ai mis à contribution l'*Agriculture;* c'est bien le moins que nous connaissions un peu la terre qui nous nourrit.

Après l'agriculture, l'*Histoire naturelle*. C'est bien le moins aussi que nous sachions avec quoi est fait le pain que nous mangeons, et avec quoi sont fabriqués les vêtements qui servent à nous couvrir.

Un peu d'*Hygiène* ne sera pas mal ; pourquoi les Directrices des salles d'asile ne connaîtraient-elles pas les symptômes du *croup* et de l'*angine couenneuse ?* Prévenu à temps, le médecin sauvera peut-être l'enfant ; mais hâtez-vous, parce que je parle de deux maladies qui sont comme foudroyantes.

Un peu de *Code pénal* me paraît indispensable. Bien entendu qu'il ne s'agit pas ici de convertir l'*école primaire* en *école de droit;* non, mais il est bon, pour ne pas dire plus, que l'enfant ne passe pas des bancs de la classe à l'atelier, à l'usine, etc., où tant de dangers l'attendent, sans connaître les principaux délits et les peines qui y sont affectées. Puis, pour observer la loi, il faut la connaître.

Tenez, tout récemment, un drôle de douze à treize ans était assis sur les bancs de la police correctionnelle,

pour je ne sais quel délit; écoutez-le dans sa défense :

« Mon président, on ne m'a jamais parlé de la loi ;
d'ailleurs, de quoi vous plaignez-vous? dites-moi donc
de quoi vous vivriez si vous n'aviez pas de malfaiteurs
à juger ? » Comment le trouvez-vous, cet affreux petit
vaurien? Loin de le punir, il faut le récompenser ;
pourquoi? Parce que, dit-il, il fait vivre les juges et les
avocats.

Quelle perversité précoce ! Il est probable qu'il était
de ceux qui, dans nos mauvais jours, déchirèrent leur
catéchisme à l'école ; ou bien n'y était-il jamais allé :
c'est encore possible.

A tout ce que je viens d'énumérer, ajoutez la *Musique*, puis encore une foule de *Connaissances usuelles*,
abstraction faite des sciences auxquelles elles se rap-
portent, et vous saurez à quelle source j'ai puisé pour
avoir les matériaux que j'ai indiqués.

Tel est, Messieurs, l'exposé de la méthode du langage des nombres. Je passe maintenant aux exemples
à l'appui : ce sera l'objet de la seconde partie de la
conférence.

Dérouler devant vous un tableau complet, est chose
impossible. Plusieurs jours n'y suffiraient pas. Je ne
vais faire parler que quelques nombres, en réduisant
au minimum les faits se rattachant à chacun d'eux.

L'ouvrage que je publierai l'année prochaine en dira
davantage.

DEUXIÈME PARTIE.

I

Messieurs,

En Mathématiques, nous disons *le nombre* **un**, par analogie, par extension d'idée, car, à proprement parler, **un** n'est pas un nombre (il faut être au moins **deux** pour faire nombre); mais, comme **un** sert à former tous les nombres, on ne pouvait lui refuser l'honneur de le compter parmi eux.

De ceci résulte que, dans *le langage des nombres*, le *nombre* **un** ne donne lieu qu'à des *individualités* parfaitement définies; donc, pas d'énumérations successives pour le même sujet : des faits isolés, voilà tout. Exemples :

> **Un** créateur du ciel et de la terre.
> **Un** déluge universel.
> **Une** tour de Babel.
> **Un** enfant sauvé des eaux.
>
> . . . .
>
> . . . .

II

Quant aux citations dont j'ai fait choix pour la conférence et se rapportant aux diverses branches de l'enseignement je vais les passer en revue; j'espère qu'elles auront votre approbation.

Un pont de Paris qui rappelle une célèbre victoire remportée par les Français sur les Prussiens [1]?

Les *portraits*, qu'il s'agisse d'histoire de France ou d'histoire naturelle, jouent un rôle important dans la méthode, et intéressent vivement les élèves lorsqu'on leur laisse le soin de faire la réponse. Il y a là un sujet d'émulation qui tourne au profit des études, d'autant plus que ces élèves voudront plus tard être peintres eux-mêmes.

Une femme célèbre *fille* de roi, *femme* de roi, *belle-sœur* de roi, *belle-fille* de roi, *mère* de roi, *aïeule* de plusieurs rois, et *bisaïeule* de roi?

Le maître ne se contentera pas du nom de Brunehaut. C'est, en effet, la seule femme qui, dans notre histoire, satisfasse à tous ces liens de parenté; mais il en exigera la justification [2].

Un prince célèbre *fils* de roi, *frère* de roi, *oncle* de plusieurs rois, *père* de roi, et qui ne fut jamais roi [3]?

Un roi de France canonisé [4]?

Une princesse célèbre, veuve inconsolable qui, dans

---

1. Le pont d'Iéna.

2. L'ouvrage, je l'ai déjà dit, fera connaître les réponses aux questions proposées.

3. Charles de Valois, célèbre par ses démêlés avec Enguerrand de Marigny.

4. Un et un seul : Louis IX, dit saint Louis, quoiqu'on dise la Saint-Charlemagne.

sa mélancolique douleur, disait : *Rien ne m'est plus ;
plus ne m'est rien ?* [1] »

Un ministre célèbre qui a dit : *Les larronneaux
tombent seuls dans les filets de la justice : les gros et fort
voleurs de l'État trouvent le moyen de nous échapper* [2] ?

Un habile joueur au billard (jeu qu'aimait beaucoup Louis XIV); protégé par Mme de Maintenon, il devient successivement conseiller au parlement de Paris,
maître des requêtes, conseiller d'État, contrôleur général des finances, puis Ministre de la guerre [3] ?

> Hélas ! le pauvre Chamillard,
> Qui devait tout à son billard,
> Au grand regret de son épouse,
> Il s'est enfin mis dans la blouse.

Vous le savez, Messieurs, l'esprit n'a jamais manqué
en France ; pour le bon sens, c'est autre chose. Voici le
quatrain nécrologique se rapportant au même person-
nage :

> Ci-gît le fameux Chamillard
> De son roi le protonotaire,
> Qui fut un héros au billard,
> Mais un zéro au ministère.

Un roi de France qui avait l'habitude de parler chapeau bas devant une femme, même du peuple [4] ?

Qui oserait soutenir qu'aujourd'hui on a pour les
femmes les mêmes égards qu'autrefois, alors qu'on ne
leur fumait pas au visage ? Aussi, pourquoi l'ont-elles
souffert ? C'est de 1848 que date cette désinvolture, et,
une fois les mauvaises habitudes prises, on ne les
quitte plus.

---

1. Valentine Visconti, ou Valentine de Milan.
2. Sully. Réflexion : En est-il aujourd'hui comme autrefois ? Que
le lecteur, dans son for intérieur, réponde à la question.
3. Chamillard.
4. Louis XIV.

Oui, je le répète, qui oserait soutenir que la politesse d'aujourd'hui vaut celle d'autrefois? L'incivilité ne semble-t-elle pas avoir passé dans nos mœurs? Se mettre à l'aise, s'affranchir des bienséances et de certains devoirs que la société nous impose, est chose si commode! Que de gens ne rendent jamais les visites qui leur sont faites! Que de gens laissent sans réponse les lettres qu'on leur écrit! C'est, il est vrai, un moyen de ne pas se compromettre; mais, en vérité, c'est pousser un peu loin la prévoyance, surtout quand il s'agit d'un service rendu et accepté; on a bien raison de dire que si l'on n'obligeait que pour être payé de reconnaissance, on n'obligerait jamais; c'est que, en effet, la gratitude est une pièce de monnaie qui devient de plus en plus rare, et cependant le moraliste a dit : *L'ingratitude est une banqueroute frauduleuse.*

Un maréchal de France qui a prononcé cette belle parole : *« S'il me fallait pour défendre une place que le roi m'aurait confiée, mettre à la brèche ma famille, ma personne et mes biens, je n'hésiterais pas un instant*[1] *?*

Les soldats prussiens se la font aujourd'hui traduire en allemand cette parole gravée sur le socle de la statue en pied de Fabert, statue qui a été érigée en l'honneur de ce vaillant militaire, sur la place d'Armes de Metz. A cette occasion, je vous rappellerai que cette ville, si tristement séparée de la France, fut sauvée en 1473, par qui? Par un boulanger nommé Harelle, et, soixante-dix-neuf ans plus tard, par le duc de Guise, alors qu'elle était assiégée par Charles-Quint. Je n'en dirai pas davantage sur ce triste sujet.

Un général français né de parents pauvres, et simple soldat au début de sa carrière. Un jour que le maréchal

---

1. Fabert.

de Saxe en faisait l'éloge, un seigneur de la cour eut
la malencontreuse idée de l'appeler dédaigneusement
un *officier de fortune*, ce qui lui valut une réplique célèbre[1] ?

Monseigneur, jusqu'à présent, je n'avais eu pour Che-
vert que de l'estime, mais désormais je lui dois du respect.

Voilà ce qui s'appelle parler.

Un guerrier célèbre duquel le poëte a dit :

> Rome eut dans Fabius un guerrier politique;
> Dans Annibal, Carthage eut un chef héroïque;
> La France plus heureuse, a dans ce fier Saxon,
> La tête du premier et le bras du second[2] ?

Faisons un peu de botanique :

Une fleur au doux parfum; elle est célèbre en my-
thologie; elle aime à se mirer dans les eaux; aussi en
a-t-on fait le symbole de la fatuité[3] ?

> Sans doute à ta suave odeur,
> A ton éclat, à ta fraîcheur,
> Nous devons rendre un juste hommage;
> Mais, satisfait de nous charmer,
> Si tu semblais moins t'aimer,
> On t'aimerait davantage.
>
> . . . .
>
> Oh ! si les Narcisses nouveaux
> Pouvaient dans le cristal des eaux,
> De leur âme entrevoir l'image,
> Épouvantés de leur laideur,
> Moins d'amour que de douleur,
> Ils mourraient sur le rivage.

---

1. Chevert. On voit sa statue à Verdun où il est né.
2. Maurice de Saxe. Son mausolée à Strasbourg appartient maintenant à la Prusse.
3. Le Narcisse.

Je passe à la zoologie.

Un oiseau si mignon, si petit, qu'il est un peu plus gros qu'une mouche, et moins grand qu'un papillon[1] ?

> Il est si petit qu'il se perd,
> Quand du soir souffle la risée ;
> Par une goutte il est couvert,
> Par une goutte de rosée ;
> Du chasseur il brave le plomb,
> Car où l'atteindre ? il est si frêle
> Et si léger qu'un cheveu blond
> Pèse plus à l'air que son aile.
> Il s'endort au milieu des fleurs,
> Quand il vole de tige en tige,
> Avec son chant et ses couleurs,
> Il semble une fleur qui voltige.
> Il voit pâlir son vermillon,
> Si d'un enfant la main le touche ;
> Il est moins grand qu'un papillon,
> Un peu moins petit qu'une mouche.

(Léon Gozlan.)

III

J'aborde le *nombre deux*, et je me borne à quelques citations, car il est d'une fécondité remarquable.

Les **deux** femmes les plus célèbres de l'Écriture sainte[2] ?

Les **deux** femmes Moabites qui ne garderont pas

---

1. L'oiseau-mouche.

2. L'orgueilleuse Ève et l'humble Marie, mère du Sauveur. Perdus par l'orgueil, nous avons été sauvés par l'humilité.

toujours le voile des veuves : pensez à Noémi la Beth-
léëmite [1] ?

Deux fois Jésus chasse du temple de Jérusalem les
vendeurs et les acheteurs.

Les **deux** belles provinces récemment séparées de
la France, vaincue mais non domptée ; de la France
encore forte et puissante [2] ?

Les **deux** places militaires de la France qui, dans
notre récente guerre, n'ont pas capitulé [3] ?

Honorons la bravoure, et nous enfanterons des
braves.

Qui a dit :

*Comment ! vous osez regarder un prince au visage en
lui parlant ?*

Qui a répondu :

*« Sire , c'est la coutume en France que , lorsqu'un
homme parle à un autre, de quelque rang et de quelque
puissance que soit l'autre, il passe pour un mauvais homme
et peu honorable, s'il n'ose pas le regarder en face.*

— Ce n'est pas notre guise » dit le roi, et la conversa-
tion en resta là [4].

Deux poëtes, à la mort de Charles VI, déplorent
les malheurs publics de la patrie, et exaltent les pas-
sions populaires [5] ?

---

1. Ruth et Orpha. Cette histoire pastorale vient d'être mise en musique par un habile compositeur français, M. César Franck.

2. Pauvre Alsace! Pauvre Lorraine ! De la première, il ne nous reste
plus que l'arrondissement de Belfort.

3. Belfort et Bitche.

4. Henri V, roi d'Angleterre, à Paris, et le maréchal de France,
Jean de Villiers de l'Isle-Adam.

5. Robert Blondel et Alain Chartier.

Les **deux** batailles qui, livrées le même jour, furent atales à la monarchie prussienne[1] ?

Les **deux** limites de la fête mobile de Pâques[2] ?

Les **deux** armes de l'envie?

J'ai nommé la médisance et la calomnie. La première est plus à craindre que la seconde.

Deux animaux domestiques : l'un, l'ami fidèle de son maître, l'autre l'ami de la maison?

Les enfants, même les plus jeunes, reconnaissent le portrait du *chien* et du *chat :* la fidélité et l'égoïsme. Un ministre déménage-t-il (comme ministre), son chien le suit, mais son chat reste : *Le chien du ministre et le chat du ministère.* Le chien caresse son maître; il lèche même la main qui l'a frappé; mais le chat se caresse lui-même sur les genoux de celle qui le câline, le loge et le nourrit. Tout le monde aime le chien, tout le monde n'aime pas le chat : donc, au point de vue du sentiment, le chien vaut mieux que le chat : la nature l'a voulu ainsi.

Que ne fait pas le chien ! Il y a le chien savant, le chien mathématicien, qui résout des problèmes en public, sans être bachelier, ce qui prouve que le baccalauréat n'est pas chose indispensable. J'ai beaucoup étudié cet animal bon, affectueux, quand toutefois il n'a pas la rage; c'est un des Contribuables de l'État; chaque année, il paye sa taxe municipale; c'est presque un fonctionnaire public; oui, j'en sais long sur lui; mais ce n'est que depuis peu de jours que j'ai appris que nous avions le *chien politique.* Je raconte et n'invente pas.

Un particulier a parmi ses serviteurs un jeune caniche

---

1. La bataille d'Auerstaedt par Davoust, et la bataille d'Iéna par Napoléon.

2. Le 22 mars au plus tôt; le 25 avril au plus tard. La Pâque des Juifs est une fête fixe.

d'une rare intelligence. Chaque matin, Milord va chercher le *Journal des Débats*, auquel M*** est abonné. I l
se rend à l'un des kiosques du boulevard des Italiens,
boulevard qui, soit dit en passant, est le théâtre d'une
grande partie de la vie parisienne, depuis huit heures
du soir jusqu'à minuit et au delà, tandis qu'autrefois
les soirées se passaient en *famille*, oui, lorsqu'il y avait
une famille ailleurs que dans les Cercles, les Cafés,
les Estaminets et les Bals publics. Or, il arrive qu'un
jour la marchande prend un journal pour un autre
(erreur bien excusable, aujourd'hui qu'il y a tant de
journaux qu'on ne s'y reconnaît plus), puis, le remet
au messager fidèle. Mais l'animal, par un instinct mer-
veilleux, soupçonne que la couleur politique de la
feuille dont il va être le porteur n'est pas du tout celle
de son maître, et par conséquent la sienne ; alors que
fait-il? il laisse tomber à terre le journal en question ;
il aboie ; puis, la bévue réparée, il court vite rue du
Helder et grimpe au deuxième étage au-dessus de l'entre-
sol. Là, son maître lui apprendra ce qui s'est passé à
l'Assemblée nationale, et le mettra au courant des vols
et des assassinats plus nombreux que jamais. Conclusion : nous faisons tous de la politique, même les
bêtes. Est-ce un bien? Est-ce un mal? Je laisse à chacun de vous le soin de résoudre la question.

Encore un mot sur le chien. A Bougival, dont les
maisons de campagne, paraît-il, sont assez fréquem-
ment visitées par des malfaiteurs, se trouve un propriétaire qui aurait bien du malheur si jamais il lui arrivait
quelque aventure désagréable, car il est impossible
de pousser plus loin la prévoyance : vous allez en
juger.

Trois dogues sont sur pied la nuit : chacun a sa con-
signe. Un imprudent franchit-il les murs du parc? le
chien nº 1 fait un vacarme à réveiller tous les gens de

la maison. Le chien n° 2 lui saute à la gorge, et le n° 3
va chercher les gendarmes. Crac! voilà notre homme
empoigné : la *Cour d'Assises* fera le reste.

J'ai tenu à savoir comment un chien pouvait aller
chercher la gendarmerie. Voici ce que j'ai appris. Le
procédé est une imitation de celui qu'on mettait autrefois en pratique quand on dressait des chiens pour
faire la *contrebande :* je vous l'ai dit, le chien est capable
de tout.

Ce procédé vous est sans doute connu; je ne m'y
arrête pas. Pour Bougival, je m'explique : un domestique, au cœur dur, est impitoyablement chargé de
rouer de coups le jeune chien que l'on destine à la
police; par contre, aussitôt battu, fouetté jusqu'au sang,
on le conduit dans le voisinage, chez les gendarmes qui,
d'accord avec le propriétaire, prodiguent à l'animal les
noms les plus doux, les caresses les plus affectueuses,
et les meilleurs os à ronger. Au bout de quelques mois
d'un pareil régime, le chien court à toutes jambes
chez les *bons gendarmes* dès qu'on lui donne la clef
des champs, et comme il est convenu que toute visite
canine nocturne signifiera : *arrestation* à faire, cela
vous explique par quel art ingénieux le chien va chercher, à son insu, la gendarmerie nationale de Seine-
et-Oise.

Mon Dieu, Messieurs, cette histoire me touche peu
personnellement, parce que je ne possède pas la plus
petite maison de campagne. Comment voulez-vous qu'il
en soit autrement? Est-ce qu'un membre de l'Univer-
sité, duquel on exige tant et que, hélas! on paye si peu,
n'est pas dans le même cas que ce sous-lieutenant
d'opéra-comique, qui déclare ne pouvoir acheter un
château sur ses économies? Mais, me suis-je dit, il ne
faut pas songer qu'à soi dans ce monde; il y aura peut-
être un de mes auditeurs auquel profitera la recette de

Bougival ; c'est la justification de ma digression ; puis, je vous l'ai dit, j'aime le chien ; et, vous le savez, Messieurs, on aime à parler des choses que l'on aime[1].

J'aborde le *nombre trois*; c'est, peut-être, le plus riche en citations : voici celles qui m'ont paru être le plus digne de votre attention sans sortir du cadre restreint d'une conférence.

IV

Les **trois** grandes Vocations citées dans l'Écriture sainte[2] ?

Les **trois** parties du Catéchisme[3] ?

---

1. A propos du *chien politique*, j'ai parlé de la *famille*. Que de choses dans ce mot ! Que sont-ils devenus les *liens* de la famille ! Qu'il est loin de nous le temps où les grands parents et les parents vivaient en commun avec les petits-enfants et les enfants respectueux et soumis ! Qu'il est loin de nous le temps où les parents mariaient leurs enfants ! Aujourd'hui, à peine majeurs, ils se marient eux-mêmes, et parfois *le Code à la main*, invoquent à leur profit la triple *sommation respectueuse* (on a sans doute voulu dire *irrespectueuse*).

Que de choses il y aurait à dire sur l'abaissement moral, sur l'égoïsme, sur le goût immodéré du luxe et du bien-être, sur la mise en pratique de la folle maxime :

Courte et bonne.

Oui, disent les insensés, descendons gaiement le fleuve de la vie, et après nous le déluge ; oui, buvons, mangeons, chantons en dépit de la morale publique. Cette vie des viveurs, des bambocheurs, je la résume en trois mots composés chacun de 5 lettres :

REPAS. — REPUS. — REPOS.

2. La vocation d'Abraham, la vocation de Moïse, la vocation des Apôtres de Jésus-Christ.

3. Diderot faisait réciter lui-même le catéchisme à sa fille. Un jour qu'un de ses amis d'impiété s'en étonnait, le philosophe lui dit : *Où trouverons-nous quelque chose de meilleur ?*

Les **trois** rois de France qui ont pris personnellement part aux croisades [1]?

Les **trois** batailles de Poitiers [2]?

Les **trois** Marguerite de la branche des Valois-Angoulême [3]?

Les **trois** Isabelle reines de France [4]?

Les **trois** Marguerite femmes de roi de France [5]?

Les **trois** buts politiques du cardinal de Richelieu [6]?

Les **trois** grandes créations de Mazarin, en faveur des sciences et des arts [7]?

Les **trois** batailles de Cassel en France et les **trois** Philippe [8]?

Les **trois** malheurs publics de la France dans le cours de l'année néfaste du règne de Louis XIV [9]?

---

1. Louis VII, dit le Jeune, Philippe Auguste et Louis IX, dit saint Louis. A eux trois ils en font quatre, Louis le Jeune, la deuxième; Philippe Auguste, la troisième; Louis IX, la septième et la huitième.

. Première bataille, de *Vouillé*, près *Poitiers*, gagnée par Clovis contre Alaric, roi des Visigoths (en 507).

Deuxième bataille, entre *Tours* et *Poitiers*, gagnée par Charles Martel contre les Sarrasins (en 732).

Troisième bataille, de *Maupertuis*, près *Poitiers*, perdue par Jean le Bon contre Édouard III, roi d'Angleterre (en 1356).

3. Marguerite, sœur de François Ier. — Marguerite, fille de François Ier. — Marguerite, fille de Henri II et de Catherine de Médicis.

4. Isabelle de Hainaut, première femme de Philippe Auguste. — Isabelle d'Aragon, première femme de Philippe le Hardi. — Isabelle ou Isabeau de Bavière, femme de l'infortuné Charles VI.

5. Marguerite de Provence, femme de Louis IX, dit saint Louis. — Marguerite de Bourgogne, femme de Louis X, dit le Hutin. — Marguerite de Valois, première femme de Henri IV.

6. Écraser les protestants qui lui résistent. — Contraindre les grands à l'obéissance. — Abaisser la maison d'Autriche.

7. Le collége des Quatre-Nations, aujourd'hui palais de l'Institut; l'Académie de peinture et de sculpture ; puis l'Opéra italien.

8. Philippe Ier, roi de France (battu). — Philippe VI, roi de France (vainqueur). — Philippe d'Orléans, frère de Louis XIV (vainqueur).

9. Invasion de la France. — Hiver très-rigoureux. — Famine (année 1709).

Voici maintenant, Messieurs, un nombre **trois** sur lequel j'appelle fortement votre attention; il est particulier à notre histoire.

Les **trois** seuls groupes de **Trois** frères successivement rois de France, avec cette circonstance remarquable d'un changement de *branche* à la fin du règne du dernier?

1. Les **trois** fils de Philippe IV le Bel :

1er groupe.
{ Louis X, le Hutin,
{ Philippe V, le Long,
{ Charles IV, le Bel.

Puis commence, dans la personne de Philippe VI, la branche des *Valois*.

2. Les **trois** fils de Henri II et de Catherine de Médicis :

2e groupe.
{ François II,
{ Charles IX[1],
{ Henri III.

Puis commence, dans la personne de Henri IV, la branche des *Bourbons*.

3. Les **trois** petits-fils de Louis XV :

3e groupe.
{ Louis XVI,
{ Louis XVIII,
{ Charles X.

Puis commence, dans la personne de Louis-Philippe, la branche d'*Orléans*.

---

1. Charles IX est mort phthisique à 24 ans, et non d'une maladie mystérieuse comme l'a prétendu l'historien d'Aubigné (protestant), dont l'opinion a été généralement acceptée. Les prétendues *sueurs de sang* n'étaient autre chose que des taches de *purpura hemorrhagica* qui n'ont été qu'un phénomène accessoire et étranger à la mort du roi.

Vos applaudissements me prouvent que j'ai bien choisi.

J'ai sous la main un exemple d'*engrenage* qui est encore une application de la méthode :

> Traité de Westphalie en 1648,
> Traité d'Aix-la-Chapelle en 1748,
> Révolution de Février 1848.

La finale 48 est constante, et le chiffre des centaines croît d'une unité. Ces événements historiques sont comme les trois anneaux d'une chaîne ; il y a là, vous le voyez, un véritable soulagement pour la mémoire.

Les **trois** ordres qui, par leur réunion, formaient les États-généraux [1] ?

Les **trois** villes chefs-lieux de département, récemment rayées de la géographie de la France [2] ?

Ayons le courage de regarder en face nos malheurs publics, afin de préparer l'avenir : du mal faisons sortir le bien.

Les **trois** îles rendues célèbres par Napoléon le Grand [3] ?

Les **trois** îles anglo-normandes [4] ?

Les **trois** Guyane [5] ?

Les **trois** couleurs du drapeau national [6] ?

Les **trois** parties du drapeau militaire [7] ?

---

1. La noblesse, le clergé, la bourgeoisie. C'est en 1468, aux grands États de Tours, sous Louis XI, que nous voyons apparaître pour la première fois la dénomination de *Tiers État*, celui de la bourgeoisie.

2. Metz, Strasbourg, Colmar.

3. L'île de Corse, l'île d'Elbe, l'île de Sainte-Hélène ; le berceau, la captivité temporaire, le tombeau.

4. Aurigny, Jersey, Guernesey.

5. La Guyane française, la Guyane anglaise, la Guyane hollandaise.

6. Le bleu, le blanc, le rouge.

7. La lance, l'étoffe, la cravate.

Les **trois** sortes de dents chez l'homme[1]?

Les **trois** parties distinctes du corps chez les in-sectes[2]?

Les **trois** parties du serment d'un témoin appelé à déposer devant la justice[3]?

V

Les **quatre** fils d'Aaron[4]?

Les **quatre** devoirs des enfants envers leurs parents? (Catéchisme).

Les **quatre** Berthe célèbres dans l'histoire de France[5]?

Les **quatre** Jeanne reines de France[6]?

Les **quatre** croisades auxquelles prirent part en personne les rois de France sous le règne desquels eurent lieu ces croisades[7]?

Les **quatre** croisades auxquelles ne prirent point personnellement part les rois de France sous les règnes desquels eurent lieu ces croisades[8]?

----

1. L'ouvrage renferme un très-long article sur ce nombre *trois*, d'après les remarquables travaux du célèbre docteur-dentiste Louis Regnart.

2. La tête, le thorax, l'abdomen.

3. La vérité, toute la vérité, rien que la vérité.

4. Nabab, Abia, Éléazar, Ithamar.

5. Berthe dite *au grand pied*, mère de Charlemagne; Berthe, femme de Lothaire; Berthe, première femme de Robert, roi de France; Berthe, première femme de Philippe Ier.

6. Jeanne, femme de Philippe le Bel; Jeanne, femme de Philippe le Long; Jeanne, femme de Charles le Bel; Jeanne de Bourbon, femme de Charles V, dit le Sage.

7. Louis le Jeune, la deuxième; Philippe Auguste, la troisième; Louis IX, la septième et la huitième.

8. Philippe Ier, la première; Philippe Auguste, la quatrième; Louis VIII, la cinquième et la sixième.

Les **quatre** oncles de Charles VI, roi mineur [1]?

Les **quatre** Henri au temps des guerres de religion [2]?

Les **quatre** grands évènements politiques qui ont marqué sous l'administration de Mazarin [3]?

Les **quatre** mots de Mazarin, qui résument toute sa politique [4]?

Les **quatre** souverains de la France surnommés le le Grand [5]?

Les **quatre** mois de siége de Phalsbourg, qui, récemment, ne s'est rendue qu'après une défense héroïque, faute de vivres, et après la destruction de toutes les munitions qui pouvaient servir aux Allemands.

Je suis heureux, Messieurs, de pouvoir proclamer ici les noms des braves mis en quelque sorte à l'ordre du jour par la *Commission d'enquête* :

Taillant, Darbour, Villate, Desmares, Thomas, Dejean, de Geoffroy. (Applaudissements.)

Les **quatre** mois de siége de Paris par les Prussiens et leurs Confédérés?

Les **quatre** boucheries extraordinaires de Paris assiégé par la Confédération allemande?

Hippophagique, canine, féline et ratine; autrement dit, le cheval, le chien, le chat et le rat.

Je me souviens d'avoir mangé un rat qui, tout assaisonné, me revint à 2 fr. 50 c.; il était dur; c'était un

---

1. Le duc d'Anjou, le duc de Berry, le duc de Bourgogne, le duc de Bourbon.

2. Le duc de Guise, le duc d'Anjou, le prince de Condé, le prince de Béarn, plus tard Henri IV.

3. Les victoires du grand Condé, la paix de Westphalie, la Fronde, la paix des Pyrénées.

4. Le temps et moi. Ces mots au nombre de quatre, grammaticalement parlant, ne font qu'une parole de Mazarin.

Charles, fils de Pépin; Henri IV, Louis XIV, Napoléon Ier.

vieux rat ; puis il sentait l'égout. Mais comme j'ai un très-bon estomac, je n'en fus pas incommodé.

Les **quatre** souverains de la France faits prisonniers à l'issue d'une grande bataille livrée et perdue?

Louis IX, Jean le Bon, François Ier, Napoléon III :

La Mansourah, Poitiers, Pavie, Sedan.

Je laisse parler l'histoire : je ne la commente pas.

Les **quatre** devoirs du citoyen?

S'instruire, payer, voter, défendre son pays.

En d'autres termes :

L'école, l'impôt, le scrutin, le service militaire.

Cette citation, Messieurs, est tirée de l'un des discours de M. Jules Simon, Ministre de l'instruction publique ; pourquoi l'ai-je retenue? Parce qu'il y a un nombre qui m'a permis de l'incorporer : c'est le nombre *quatre*. Eh bien ! par imitation, faites ce que je fais moi-même, et, sans vous fatiguer, vous augmenterez votre répertoire des connaissances utiles. Avis aux étudiants qui m'écoutent.

Voici un nombre qui prouve notre indifférence en ce qui concerne les choses de la vie pratique. Qui ne parle de *la tisane des quatre fleurs*? Eh bien ! je n'ai jamais trouvé quelqu'un qui ait pu me les nommer. A n'en pas douter, je parle devant des dames excellentes ménagères ; et cependant, si j'en juge par l'essai que j'en ai fait, je crois pouvoir assurer que ma question n'aurait pas ici plus de succès qu'ailleurs. On citera la guimauve, la violette, le bouillon blanc ; ce sont bien là, en effet, des fleurs pectorales, mais elles ne font pas partie de la formule telle que la donne le *Codex* des pharmaciens, des herboristes. Codex qui est pour cet objet ce que le Dictionnaire et l'Académie française est pour une question d'orthographe. A coup sûr, on n'est pas compromis pour ignorer ce que je demande ; mais est-il logique de ne pas connaître les noms des choses

dont on parle souvent? Évidemment, non. Ces quatre
fleurs, je vais les nommer :

> La mauve,
> Le pied de chat,
> Le pas d'âne,
> Le coquelicot.

D'après la nouvelle édition du Codex, à laquelle on a
travaillé pendant longtemps au Ministère de l'instruction publique, sous la direction d'un illustre savant,
M. Dumas, il y a *la tisane des sept fleurs* [1] ; mais nous
sommes si routiniers que, pendant bien des années,
nous dirons encore : la tisane des quatre fleurs, sans
en connaître les noms.

Encore une question de la vie pratique.

Combien de jours dans l'un des mois de l'année?

Bien des gens ont recours au *calendrier*. Quant à
moi, j'ai retenu une fois pour toutes le quatrain suivant :

> Trente jours ont *novembre*,
> *Juin, avril* et *septembre* ;
> De *vingt-huit* [2] il en est un,
> Les sept autres ont trente et un.

Les **quatre** principaux symptômes de la fièvre
scarlatine [3] ?

Quelle douleur, Messieurs, pour une pauvre mère
obligée de s'avouer qu'elle aurait pu sauver l'objet de
sa tendresse si, chose facile, elle avait connu les sym-

---

1. Le bouillon blanc, le coquelicot, la guimauve, la mauve, le pied
de chat, le tussilage (pas d'âne), la violette.

2. *Vingt-neuf*, si l'année est bissextile.

3. Les vomissements, le frisson avec dégoût, la céphalalgie (douleurs
de tête), le mal de gorge.

ptômes des maladies qui déciment les enfants, telles que le croup et l'angine couenneuse! Oh! répétons-le souvent, et bien haut : *Popularisez les premières notions de l'hygiène domestique.*

Les **quatre** principaux âges de la vie?

L'enfance, la jeunesse, l'âge mûr et la vieillesse.

> On entre, on crie,
> Et c'est la vie.
> On crie, on sort,
> Et c'est la mort.

Les **quatre** principales précautions hygiéniques à prendre dans une chambre à coucher ?

Ne pas y élever d'animaux; ne pas y faire sécher de linge; ne pas s'y chauffer avec des brasiers; ne pas y conserver de fleurs, surtout odoriférantes.

Les **quatre** saisons de l'année[1]?

Les **quatre** singes qui ressemblent le plus à l'homme?

L'Orang-outang, le Chimpanzé, le Gibbon, le Gorille.

Je ne suis pas de ceux qui disent que *l'homme n'est qu'un singe perfectionné.* Il y a là une idée de matérialisme que je repousse de toutes mes forces Aussi, le Chimpanzé du Jardin d'acclimatation a-t il pu mourir sans que je me crusse obligé de mettre un crêpe à mon chapeau : je ne me connais pas de *Babouins*, de *Sagouins*, en un mot de *quadrumanes* parmi mes ancêtres. Adam et Ève sont nos deux premiers parents; je n'en comprends pas d'autres.

---

[1] Valeurs moyennes :

Printemps	92 jours 9 heures. .
Été	93 — 6 —
Automne	89 — 7 —
Hiver	89 — 0 —

Les **quatre** cornes de l'escargot?

A quoi bon, direz-vous peut-être, nous parler de l'escargot? La réponse est facile. Outre que ce mollusque donne lieu à des questions d'histoire naturelle fort intéressantes (je laisse de côté la théorie des escargots sympathiques), il me fournit l'occasion de vous citer quelques vers dont vous apprécierez la morale; et, vous avez déjà dû vous en apercevoir, la morale joue un grand rôle dans le langage des nombres.

Voici ces vers :

> Sans ami comme sans famille,
> Ici-bas vivre en étranger,
> Se retirer dans sa coquille
> Au signal du moindre danger;
> S'aimer d'une amitié sans bornes;
> De soi seul remplir sa maison;
> En sortir, suivant la saison,
> Pour faire à son voisin les cornes;
> Enfin, chez soi, comme en prison,
> Vieillir de jour en jour plus triste :
> C'est l'histoire de l'égoïste,
> Et celle du colimaçon.

—————

VI

Maintenant, Messieurs, voici un nombre qui va me permettre de vous entretenir un instant du sujet le plus grave et le plus imposant que renferme l'histoire de l'humanité : il appartient à l'histoire sacrée.

Les **cinq** personnes fidèles au pied de la croix du Christ mort pour le salut des hommes?

Je vais les nommer.

La *Sainte Vierge*, femme obscure sur la terre, comme une simple femme d'Israël et de Juda : ce n'est qu'à sa mort, à son *Assomption*, que tout changera pour Elle, et qu'on la nommera la *Reine du ciel*. Oui, elle est au pied de la croix de la Victime du Calvaire, de son fils bien-aimé. Elle est debout, dans une attitude ferme et digne. En sa qualité de mère du Sauveur, Dieu le Père lui a donné un courage surhumain ; elle retient ses larmes ; elle refoule dans son cœur, en présence d'une foule en fureur, vomissant l'injure et l'outrage, les douleurs qui la déchirent.

Marie-Madeleine, à genoux, les cheveux en désordre, et répandant d'abondantes larmes ; Marie-Madeleine, qui a purifié son corps et son âme par le repentir, par la pénitence, par le pardon que Jésus lui a publiquement accordé.

Marie-Cléophas, *Marie-Salomé*, et enfin saint *Jean* le disciple bien-aimé.

Une chose me frappe dans ce Tableau : j'y compte quatre femmes et un seul homme ; et, comme de la mort volontaire du Fils de Dieu fait homme, va sortir la religion nouvelle, la nouvelle Église, en un mot, le christianisme, je me demande si la *supériorité numérique* de la femme au pied de la croix n'est pas une preuve éclatante de sa *supériorité chrétienne* sur l'homme.

Abaissons nos regards sur les choses d'ici-bas :

Qui est l'âme du foyer domestique ?

Qui donne les premiers soins à la première enfance ?

Qui lui apprend à connaître et à aimer Dieu par la prière du soir et la prière du matin ? En un mot, qui jette la première semence dans le cœur de l'enfant ? la femme, toujours la femme.

Sa mission sur la terre me paraît donc plus difficile, plus délicate et plus sainte que celle de l'homme ;

aussi Dieu, dans sa sagesse infinie, lui a-t-il donné une plus grande somme de vertus chrétiennes. Tel est le sens de mes paroles, quand je dis :

La femme vaut mieux que l'homme.

Et quand je m'exprime ainsi, ce n'est pas pour provoquer des applaudissements dans une partie de l'auditoire; non, le sujet est trop grave pour avoir une pareille pensée. Est-ce pour aller au-devant de la popularité? Pas davantage, parce que la popularité ne va pas à celui qui la cherche. Quand je dis cela, Mesdames et Messieurs, c'est que c'est chez moi un sentiment profond, basé sur quoi? Sur ma foi et ma raison[1].

Les **cinq** plaies du Christ mort sur la croix pour la Rédemption du genre humain[2]?

---

1. Il y a quelques années, je soutins la même thèse devant un nombreux auditoire. J'allais passer à un autre sujet, lorsqu'une objection malsaine, perfide, me fut faite par un auditeur, par un de ces hommes qui gâtent tout ce qu'ils touchent; quoique pris à l'improviste, ma réponse fut ce qu'elle devait être. Cette objection, on peut la reproduire de vive voix; mais je ne la mettrai pas sous les yeux du lecteur, dans la crainte de salir ma plume. Je profiterai de la circonstance pour inviter les personnes qui enseignent l'histoire sainte à redoubler de prudence et de circonspection; qu'elles se tiennent en garde contre certaines interprétations du texte sacré; qu'elles se tiennent en garde contre les doctrines d'une certaine école; et surtout qu'elles proscrivent les écrits capables de pervertir le cœur de leurs élèves. Je l'ai dit, et je ne saurais trop le répéter: l'enfant quel qu'il soit, du peuple, de la classe moyenne ou autre, doit recevoir une éducation religieuse et morale: pas de religion, pas de société organisée; pas de religion, pas de nation véritablement forte et puissante.

J'ai étudié de près la vie des philosophes impies, et presque toujours j'ai reconnu qu'ils avaient fait amende honorable au moment de comparaître devant le Juge suprême.

2. Aux pieds, aux mains, au côté. Le cœur de la Victime fut percé de part en part, ce qui l'aurait tué, s'il n'eût pas déjà rendu le dernier soupir. De cette blessure jaillit du sang et de l'eau, symbole, a dit saint Jean, du Baptême et de l'Eucharistie.

Cinq fois Jésus s'était rendu à Jérusalem dans l'accomplissement de son ministère public [1]?

Les **cinq** initiales de l'ancienne orgueilleuse devise de la maison d'Autriche [2]?

Les **cinq** ports militaires de la France [3]?

Les **cinq** villes de France en possession d'un évêché, d'une cour d'appel et d'un chef-lieu d'Académie [4]?

Les **cinq** Académies de l'Institut de France [5]?

Les **cinq** Ordres d'architecture dans les constructions magistrales [6]?

Les **cinq** sens [7]?

Les **cinq** doigts de la main [8]?

Les **cinq** principaux symptômes de la rougeole [9]?

---

1. 1° à douze ans; 2° lorsque, pour la première fois, il chasse les vendeurs du temple; 3° à la fête des Tabernacles ; 4° à la fête de la Dédicace ; 5° à son entrée triomphante aux acclamations du peuple.

2. A, E, I, O, U (Austriæ Est Imperare Orbi Universo).

3. Brest, Lorient, Cherbourg, Rochefort, Toulon.

4. Nancy, Dijon, Grenoble, Poitiers, Montpellier.

5. L'Académie française, l'Académie des inscriptions et belles-lettres, l'Académie des sciences, l'Académie des beaux-arts, l'Académie des sciences morales et politiques.

6. Toscan, Dorien, Ionique, Corinthien, Composite.

7. Le *toucher*, la vue, l'ouïe, l'odorat, le goût.

Disons un mot du second des cinq sens *physiques*.

Les *enfants* (je souligne le mot) ne se contentent pas de fumer la cigarette, que dis-je, la cigarette? le cigare, voire même la *pipe*, non, cela ne leur suffit pas. Il leur faut encore à l'œil un *monocle*, ou aux yeux un *binocle*, les uns par genre, les autres par nécessité (autre exemple de vieillesse prématurée). Quelle génération cela nous prépare !...

8. Le pouce, l'index ou indicateur, le médius, l'annulaire et l'auriculaire.

L'index est le doigt le plus voisin du pouce. Le médius est le plus long de tous. L'auriculaire est le plus petit.

9. Des taches rouges, la toux avec coryza, les yeux larmoyants, les éternuments, la fièvre.

Les **cinq** principaux symptômes de l'angine couenneuse[1] ?

VII

Voici, encore, Messieurs, une intéressante application de la méthode : quelques nombres me suffisent pour résumer une grande figure historique[2]. Je vais vous parler de la bergère de Domremy, de *Jeanne la bonne Lorraine*, qui fut la *Patrie*, qui fut douce et indomptable, résignée et martyre.

Les **six** nombres qui résument Jeanne d'Arc, libératrice de la France ?

Les voici : 2, 3, 4, 6, 16, 19.

Je vais vous dire ce qu'ils indiquent.

1° Les **deux** noms inscrits sur le blanc étendard fleurdelisé de Jeanne d'Arc qui conduisait les soldats à la victoire ?

Jésus — Marie.

C'est qu'en effet, Jeanne combattait au nom du ciel.

Elle faisait tuer, mais elle ne tuait pas elle-même.

Son épée ne fut jamais teinte de sang : elle resta vierge comme sa personne.

2° Les **trois** années de la mission de Jeanne d'Arc.

Les **trois** mois du procès de Jeanne d'Arc.

---

1. Le mal de gorge, le gonflement des glandes sous la mâchoire, la courbature, la fièvre, l'haleine fétide.

2. C'est ce que j'ai fait en histoire sainte : Abraham, Isaac, Jacob, Joseph.

Les **trois** prédictions faites par Jeanne d'Arc aux Anglais :

> Paris vous sera enlevé.
>
> Le Roi fera son entrée dans sa capitale.
>
> Un jour viendra où vous serez complétement chassés de la France.

Ces prédictions, vous le savez, reçurent leur accomplissement.

3° Les **quatre** mots inscrits sur la mitre dont Jeanne d'Arc était coiffée sur le bûcher :

> Apostate,
> Relapse,
> Hérétique,
> Idolâtre.

Voilà les quatre prétendus crimes pour lesquels la pauvre fille du peuple fut brûlée vive à Rouen, qui était alors en France la vraie capitale des Anglais.

4° Les **six** principales questions insidieusement posées à Jeanne par ses accusateurs.

L'ouvrage les fera connaître.

5° Les **seize** ans de Jeanne d'Arc, et le commencement de sa vie politique et guerrière.

6° Les **dix-neuf** ans de Jeanne d'Arc et sa mort[1].

Les **six** bourgeois de Calais et la bonne reine Philippine[2]?

Les **six** rois de France sous lesquels vécut Malherbe[3]?

---

1. N. B. J'avais d'abord adopté les nombres 18 et 21 pour Jeanne d'Arc, au lieu de 16 et 19 ; ces derniers sont du Maître : M. Guizot.

2. Eustache de Saint-Pierre, Jean d'Aire, Jacques de Vissant, Pierre de Vissant. Par un oubli impardonnable de l'histoire, les noms des deux autres sont restés inconnus.

3. Henri II, François II, Charles IX, Henri III, Henri IV, Louis XIII

Les **six** cardinaux-ministres de la France[1]?

Les **six** principaux Frondeurs au temps de la minorité de Louis XIV[2]?

Les **six** Marie, reines de France[3]?

Les **six** hommes les plus célèbres nés dans le département de Seine-et-Oise[4]?

Les **six** arrondissements du département de Seine-et-Oise[5]?

Les **six** sous-préfectures du département du Nord[6]?

Les **six** villes monétaires de la France[7]?

Les **six** premières notes de la musique et le commencement de l'hymne latine à saint Jean-Baptiste[8]?

J'aborde le **nombre sept**.

---

1. Le cardinal La Ballue, le cardinal d'Amboise, le cardinal de Richelieu, le cardinal Mazarin, le cardinal Dubois, le cardinal Fleury (Louis XI, Louis XII, Louis XIII, Louis XIV, Louis XV).

2. Le cardinal de Retz, le prince de Condé, le maréchal de Turenne, le duc de Beaufort, le duc de La Rochefoucauld, Gaston d'Orléans, frère de Louis XIII.

3. Marie de Brabant, femme de Philippe le Hardi; Marie, deuxième femme de Charles IV; Marie d'Angleterre, deuxième femme de Louis XII; Marie Stuart, femme de François II; Marie de Médicis, deuxième femme de Henri IV; Marie Leczinska, femme de Louis XV. Je ne compte pas les reines qui ont deux prénoms, comme Marie-Antoinette.

4. Sully, Quesnay, l'abbé de l'Épée, Hoche, Geoffroy-Saint-Hilaire, Daguerre.

5. Versailles, Mantes, Pontoise, Corbeil, Étampes, Rambouillet.

6. Avesnes, Cambray, Douai, Dunkerque, Hazebrouck, Valenciennes. Il n'y a pas de département avec sept sous-préfectures.

Il n'y a qu'un seul département avec une seule sous-préfecture: le département du Rhône (chef-lieu, Lyon; sous-préfecture, Villefranche). Il y a *trois* départements ayant un Villefranche pour sous-préfecture (Rhône, Aveyron, Haute-Garonne).

7. Paris (A); Bordeaux (K); Lille (W); Lyon (D); Marseille (M); Rouen (B). — Strasbourg avait aussi son hôtel monétaire.

8. *Ut, Ré, Mi, Fa, Sol, La.*

> *Ut* queant Laxis. *Resonare* fibris.
> *Mira* gestorum *Famuli* tuorum,
> *Solve* polluti. *Labii* reatum
> Sancte Joannis.

VIII

Vous connaissez, Messieurs, la fameuse lettre de Mme de Sévigné à M. de Coulanges, lettre dans laquelle la femme spirituelle et la tendre mère, se complaît à épuiser le vocabulaire des adjectifs pompeux, pour annoncer de la manière la plus maligne, la plus piquante et la plus originale, quoi? un *mariage*.

Quant à moi, je puis vous en dire bien davantage; je puis vous dire : « Devinez la faute classique en *Histoire sainte* que le langage des nombres m'a fait découvrir; la faute qui se perd dans la nuit des temps; la faute qui a fait le tour du monde; la faute que vous trouverez dans presque tous les livres classiques, officiels ou non, approuvés ou non, sans en excepter ceux qui ont pour auteurs des Docteurs en théologie; une faute que les laïques comme les congréganistes enseignent à leurs élèves contrairement à l'Écriture sainte; une chose qui, si elle était vraie, ferait de *Joseph* un être imaginaire, le héros d'un roman; une chose qui, si elle était vraie, saperait notre religion jusque dans ses fondements, parce que Joseph n'aurait jamais existé, auquel cas le prétendu fils de Jacob ne faisant pas partie de la généalogie du Christ devrait être rayé de la liste des ancêtres de Jésus-Christ. Quelle est cette faute? Comme Mme de Sévigné, je vous dirai : « Devinez, je vous le donne en trois, en quatre, en six, en cent. Je vous entends : « *Nous jetons notre langue aux chiens* ». Vous avez raison. Eh bien! cette faute inouïe, inconcevable, etc., etc., la voici :

« Jacob épouse Rachel au bout de deux fois sept ans, » c'est à-dire au bout de *quatorze ans*, ce qui est faux : c'est au bout de *sept ans et sept jours*, ainsi que je vais vous le démontrer en faisant une *réduction à l'absurde*, mode de raisonnement qui, à propos du décimètre carré, nous a conduits à cette conséquence que nous pourrions obtenir l'évacuation du territoire en versant 0 francs, 0 centimes dans la caisse de la trésorerie allemande. Je commence d'abord par vous rappeler que Jacob n'a fréquenté que trois pays :

> Le pays de Chanaan,
> La Mésopotamie,
> L'Égypte ;

Si donc je vous prouve qu'en prenant pour point de départ les *deux fois sept ans* qui s'enseignent partout, Joseph n'est né dans aucune de ces contrées, je vous aurai démontré pour ainsi dire mathématiquement ce que j'avance. Suivez-bien mon raisonnement :

1º Jacob, dit-on, épouse Rachel au bout de 14 ans ; or, il est acquis à l'histoire que Joseph vient au monde au bout de 7 ans de mariage ; 14 et 7 font 21 ; donc Joseph serait venu au monde dans la 21ᵉ année du mariage de son père avec Rachel.

Mais Jacob a quitté la Mésopotamie au bout de 7 ans, plus 7 ans, plus 6 ans, c'est-à-dire au bout de 20 ans ; donc Joseph ne serait pas né en Mésopotamie ; or, à coup sûr, il n'est pas né au pays de Chanaan, puisque, en s'en éloignant, Jacob n'était pas marié, et qu'à son retour, au bout de 20 ans, Rachel mourut presque aussitôt arrivée, en donnant le jour à *Benjamin* ; reste l'Égypte ; mais Jacob avait 130 ans quand il s'établit dans la terre de Gessen, où il mourut 17 ans plus tard.

Conclusion : Joseph n'étant né nulle part, n'aurait jamais existé. Or, il a réellement existé ; donc le point

de départ est faux. Quel est ce point de départ? C'est,
je le répète, que Jacob a épousé Rachel au bout de
2 fois 7 ans. La réduction à l'absurde, vous le re-
connaissez, est manifeste; il faut donc se hâter de
faire disparaître cette erreur historique partout où elle
se trouve: dans les livres comme dans l'enseignement.

Voici comment le langage des nombres m'a fait découvrir la faute.

Jacob a 77 ans quand il arrive chez son oncle Laban,
tant pour fuir la colère d'Ésaü, que pour se marier.

77 et 14 font 91; 91 et 7 font 98 (âge de Jacob à la
naissance de Joseph); 98 et 7 font 105 (âge de Jacob à
la naissance de Benjamin). Un homme qui est mort à
147 ans, me suis-je dit, pouvait bien avoir un fils à
105 ans; mais comment se fait-il, me suis-je encore
dit, que les *auteurs classiques* appellent notre attention
sur les 100 ans d'Abraham à la naissance d'Isaac, et
qu'ils ne nous disent rien des 105 ans de Jacob à la
naissance de Benjamin? Pour éclaircir le fait, je me
mis à lire très-attentivement le récit du mariage de
Jacob et de Rachel dans les trois Bibles (catholique,
protestante, juive), et j'acquis alors la certitude que
j'avais mis la main sur une faute commise par un auteur classique, faute reproduite par tous ceux qui l'ayant
copié, se sont ensuite copiés les uns les autres; et
comme son origine se perd dans la nuit des temps,
cela vous explique comment elle s'est inoculée dans
l'enseignement tant en France qu'à l'étranger. Avais-je
raison de vous dire que j'allais vous parler d'une
chose étrange, incompréhensible? Que dit la Bible?
La semaine des noces de Jacob et de Lia achevée, Jacob
épousa Rachel, à la condition qu'il servirait encore
Laban pendant sept ans, ce qu'il fit.

Le second mariage, vous le voyez, se fit au *commen-*
cement du deuxième engagement, et non à la *fin*, ce

qui était parfaitement rationnel. Oui, le second mariage se fit au bout d'une *semaine de jours* et non d'une *semaine d'années*. L'auteur en défaut n'était pas au courant de la supputation du temps chez les anciens : la *semaine de jours* servait à indiquer une courte durée comme celle des réjouissances nuptiales, tandis que la *semaine d'années* était l'unité de temps pour exprimer un événement éloigné, comme, par exemple, la fameuse prédiction de Daniel relative à l'époque où le Christ sera mis à mort.

Les nombres vrais sont les suivants :

Age de Jacob à son arrivée chez Laban ? 77 ans ;
Age de Jacob lorsqu'il devient l'époux de Rachel ? 84 ans ;
Age de Jacob à la naissance de Joseph ? 91 ans ;
Age de Jacob à la naissance de Benjamin ? 98 ans ;

Et alors, vous voyez que Benjamin est le seul des enfants de Jacob qui ne soit pas né en Mésopotamie.

J'appelle encore votre attention sur la contradiction apparente, que voici : Joseph est réellement venu au monde dans la 14ᵉ année du mariage de son père avec Rachel ; si donc, Jacob épouse Rachel au bout de 14 ans, leur union conjugale est immédiatement bénie par le Seigneur ; et alors nous ne comprenons plus la *stérilité* de Rachel mentionnée dans la Bible ; nous ne comprenons plus les larmes et les prières de Rachel pour la faire cesser. Vous le voyez, tout tombe à faux avec le malencontreux *nombre quatorze*, accepté, enseigné avec une légèreté qui dépasse tout ce que l'on peut imaginer. Il y a plus ; par les renseignements que j'ai pris dans des pensionnats de demoiselles fréquentés par des Anglaises, des Américaines, etc., j'ai appris que la faute, comme je l'ai avancé tout d'abord, a véritablement fait le tour du monde. C'est donc une bonne fortune pour le langage des nombres que de l'avoir découverte. En résumé, nous dirons : Les *sept* ans et *sept* jours au bout desquels Jacob épousa Rachel, à partir de l'installation du patriarche chez Laban, en Mésopotamie.

Les **sept** années de fertilité suivies de **sept** années de stérilité prédites par Joseph au Pharaon, au sujet des **sept** vaches et des **sept** épis.

Les **sept** paroles de Jésus sur la croix [1]?

Les **sept** grandes batailles livrées sous les Mérovingiens [2]?

Les **sept** rois de France de la première branche des Valois [3]?

La guerre de **Sept** ans? (De 1756 à 1763.)

Les **sept** sièges de la ville de Lille [4]?

1.— 1. Mon Père, pardonnez-leur, car ils ne savent ce qu'ils font.

2. En vérité, je vous le dis : Vous serez aujourd'hui avec moi dans le Paradis.

3. Femme, voilà votre fils; puis à saint Jean : Voilà votre mère.

4. Mon Dieu, mon Dieu, pourquoi m'avez-vous abandonné?

5. J'ai soif.

6. Tout est consommé. (En réalité, Jésus ne prononça que deux mots : il parlait en hébreu.)

7. Mon Père, je remets mon esprit entre vos mains.

2. Bataille contre Attila. — Bataille de Soissons. — Bataille de Tolbiac — Bataille de Vouillé. — Bataille contre Brunehaut. — Bataille de Testry. — Bataille de Poitiers.

3. Philippe IV, Jean le Bon, Charles V, Charles VI, Charles VII, Louis XI, Charles VIII.

4.— 1° En 1128, par Guillaume le Normand.

2° En 1214, par Philippe Auguste.

3° En 1296, par Philippe le Bel.

4° En 1304, par le même.

5° En 1667, par Louis XIV.

6° En 1708, par le prince Eugène; vaillante défense du maréchal de Boufflers.

7° Enfin le terrible siège de 1792, par les Autrichiens; la défense des Lillois fut héroïque, et la ville fut sauvée. La Convention nationale décréta que les habitants avaient bien mérité de la Patrie. C'est donc en 1792 que Lille a reçu son brevet d'héroïsme.

IX

Les **neuf** départements compris dans l'Académie de Paris[1] ?

Le **neuf** thermidor, et la chute de Robespierre[2].

———

X

Les **dix** plaies d'Égypte ?

Le schisme des **dix** tribus.

La Journée du **dix** août[3] ?

Les **dix** principaux siéges de Paris[4] ?

Les **dix** jours supprimés dans le calendrier Julien par le Pape Grégoire XIII[5].

———

1. Seine, Cher, Eure-et-Loir, Loir-et-Cher, Loiret, Marne, Oise Seine-et-Marne, Seine-et-Oise.

2. 27 juillet 1794. — Robespierre, Saint-Just, Couthon et leurs partisans périrent sur l'échafaud.

3. Louis XVI quitte le palais des Tuileries envahi par le peuple, et se rend à l'Assemblée nationale.

4. En 885 par les Normands. — En 1359 par Édouard III, roi d'Angleterre. — En 1420 par les Anglais; 16 ans d'occupation. — En 1427 par Charles VII. — En 1462 par le duc de Bourgogne. — En 1464 par le comte de Charolais. — En 1530 par Charles-Quint. — En 1593 sous Henri III et Henri IV. — En 1814 par les armées coalisées. — En 1870-1871 par les Allemands, puis par l'armée de Versailles contre la Commune.

5. Le lendemain du jeudi 4 octobre 1582 fut appelé le vendredi 15 octobre 1582. — Les niais prétendirent qu'on leur supprimait 10 jours d'existence.

XI

Les **onze** rois Carlovingiens[1]?

Les **onze** mois d'occupation de la ville de Dijon par les Prussiens et leurs Confédérés.

XII

Les **douze** petits Prophètes[2]?

Les **douze** Apôtres de Jésus-Christ[3]?

Les **douze** Reines de France nées espagnoles[4]?

Les **douze** principales erreurs zoologiques populaires ayant une apparence de vérité?

> La chauve-souris est un oiseau.
> La baleine est un poisson[5].

------

1. Pepin le Bref; Charlemagne; Louis le Débonnaire; Charles le Chauve; Louis le Bègue; Louis III et Carloman; Charles le Gros; Charles le Simple; Louis d'Outremer; Lothaire, et Louis V, dit le fainéant.

2. Ozée Joel, Amos, Abdias, Jonas, Michée, Nahum, Habacuc, Sophonie, Aggée, Zacharie, Malachie.

3. Pierre, André, Jacques, Jean, Philippe, Barthélemi, Thomas, Mathieu, Jacques fils d'Alphée, Thaddée, Simon, Judas.

4. Les plus célèbres sont: Constance de Castille, Blanche de Castille, Isabelle d'Aragon, Jeanne de Navarre, Eléonore d'Autriche, Anne d'Autriche, Marie-Thérèse d'Autriche.

Noms de leurs époux: Louis VII, Louis VIII, Philippe III, Philippe IV, Philippe VI, François Iᵉʳ, Louis XIII, Louis XIV.

5. Cétacé mammifère.

L'écrevisse est un poisson rouge qui marche à reculons.
La piqûre de la vipère [1].
La langue de la vipère prise pour emblème de la calomnie [2].
Les deux ailes de l'abeille [3].
La souris est la femelle du rat.
La grenouille est la femelle du crapaud.
La guenon est la femelle du singe [4].
La corneille est la femelle du corbeau.
La colombe est la femelle du pigeon.
La perruche est la femelle du perroquet.

XIII

Un roi de France qui, à **treize** ans, ne savait encore ni lire, ni écrire [5] ?

Les **treize** rois de France de la branche des Valois [6] ?

------

1. La vipère mord et ne pique pas.

2. La langue de la vipère est inoffensive pour l'homme ; le contraire a lieu pour la calomnie. Le dicton : « C'est une langue de vipère » tombe à faux.

3. La mouche ordinaire a deux ailes (diptère) ; mais la mouche à miel en a quatre (tétraptère).

4. On donne le nom de guenon à une certaine espèce de quadrumane ; cette espèce admet les deux sexes ; il y a le papa guenon, et la maman guenon. Mais, objecte-t-on, vous dites *la* ; réponse : vous dites *la* carpe, et toutes les carpes ne sont pas du même sexe.

5. Charles VIII, fils de Louis XI.

6. Philippe VI, Jean le Bon, Charles V, Charles VI, Charles VII, Louis XI, Charles VIII, Louis XII, François Ier, Henri II, François II, Charles IX et Henri III.

XIV

Les **quatorze** rois de France en ligne directe[1] ?

Le nombre **quatorze** et Henri IV.

1° C'est, à très-peu près, au bout de 14 siècles, plus 14 décades d'année, plus 14 ans, qu'il est né.

2° Il y a 14 lettres dans son nom : Henri de Bourbon.

3° C'est un 14 qu'il bat Mayenne à Ivry, dans le pays d'Évreux.

4° C'est, à très-peu près, au bout du quadruple de 14 ans, plus 14 semaines, plus 14 jours, qu'il meurt assassiné.

5° C'est un 14 que la France eut le malheur de perdre ce bon roi.

Le nombre **quatorze** et le successeur de Louis XIII?

1° C'est le 14ᵉ roi de France du nom de Louis, (Louis XIV).

2° C'est à une date telle que la somme des chiffres fait 14 qu'il est roi (1643).

3° C'est à 14 ans qu'il est majeur.

4° C'est à une date telle que la somme des chiffres fait 14 que, légalement parlant, il devait être majeur. (En 1652 ; cette majorité fut un peu avancée.)

5° C'est à une date telle que la somme des chiffres fait 14 qu'il gouverne lui-même (1661).

6° Il règne pendant un nombre d'années tel que le produit des chiffres fait 14 (72 ans).

7° Il meurt à un âge tel que la somme des chiffres fait 14 (77 ans).

---

1. Hugues Capet, Robert, Henri Iᵉʳ, Philippe Iᵉʳ, Louis XI, Louis VII, Philippe Auguste, Louis VIII, Louis IX, Philippe III, Philippe IV, Louis X, Philippe V, Charles IV.

8° C'est un 14 que meurt Louis XIII, son père.

9° C'est un 14 que meurt Henri IV, son aïeul.

Enfin, je vous ferai observer que nous aurions encore un 14 si le roi s'était marié un an plus tard, en 1661, au lieu de 1660, à 24 ans au lieu de 23 ans; mais à coup sûr, le fils de Louis XIII se souciait fort peu du langage des nombres; il avait d'autres préoccupations dans la tête.

Les **quatorze** animaux pouvant servir à faire un petit cours de morale aux enfants?

Le Chien, le Chat, le Paresseux, le Raton-laveur[1], le Perroquet, le Pierrot[2], l'Étourneau, la Linotte[3], le Hanneton, la Grosse-Mésange[4], le Traquet[5], le Pouillot[6], le Jaseur, la Caille[7].

XV

Les **quinze** principaux ouvriers illustres?

Jean Gutenberg (imprimeur),
Jean Goujon (tailleur de pierres).

---

1. Modèle de propreté: il lave dans l'eau tout ce qu'il mange.

2. Sans gêne, gourmand, etc.; vivant avec l'homme, il lui prend ses défauts.

3. Tête de linotte.

4. Se lève tard· se dorlote dans son nid comme un écolier paresseux dans son lit.

5. Oiseau toujours en mouvement, écolier qui en classe ne peut rester tranquille.

6. Fait plus de bruit qu'il n'est gros.

7. Son cri : *Paye tes dettes! paye tes dettes!* L'enfant comprendra plus tard pourquoi à l'école on lui faisait imiter le chant de la caille.

Bernard Palissy (potier).
Jacques Amyot (garçon boucher).
André Le Nôtre (jardinier).
Charles Boule (ébéniste).
André Roubo (menuisier).
Oberkampt (fabricant de toiles peintes).
Robert Fulton (mécanicien).
Louis Bréguet (horloger).
Michel Brezin (serrurier).
Joseph Jacquart (ouvrier canut à Lyon).
Richard Lenoir (ouvrier en cotonnerie).
Jasmin (coiffeur-poëte).
Jean Reboul (boulanger-poëte).

Les **quinze** mots célèbres de la harangue militaire de Larochejaquelein, mort en combattant[1]?

XVI

Un roi de **dix-sept** ans se présente au Parlement en costume de chasse et un fouet à la main[2]?

Les **dix-sept** ans de Charles VI et son mariage avec Isabelle ou Isabeau de Bavière.

Cette jolie princesse bavaroise en avait alors *quatorze*. Qui, à cette époque (1385), aurait pu prévoir les hontes et les crimes que ce nom nous rappelle? Il y a parfois plus de légèreté et d'imprévoyance dans les mariages des rois que dans ceux des simples parculiers.

---

1. « Si je recule, tuez-moi ; si j'avance, suivez-moi ; si je meurs, vengez-moi. »
2. Louis XIV, en chasse au bois de Vincennes.

Les **dix-sept** mois du règne de François II, les **dix-sept** ans de sa vie et sa mort.

———

XVII

Le **dix-huit** brumaire, ou la chute du Directoire.

Les **dix-huit** premiers maréchaux de France sous le premier empire[1]?

Les **dix-huit** respirations par minute chez l'homme calme et reposé.

———

XVIII

Les **dix-neuf** rois d'Israël[2]?

Je vous cite ce nombre pour vous parler de *l'abus de la force*, et rapprocher le franc parler de certains hommes de l'antiquité en face des têtes couronnées au point de les apostropher en ces termes : *Voleur et meurtrier*, et la bassesse des courtisans d'aujourd'hui qui barrent le chemin à la vérité en lui criant : *On ne passe pas*.

Et alors qu'arrive-t-il? le trône s'écroule en entraînant dans sa chute une partie de la Nation.

———

1. Berthier, Murat, Moncey, Jourdan, Masséna, Augereau, Bernadotte, Soult, Brune, Lannes, Mortier, Ney, Davoust, Bessières, Kellermann, Lefebvre, Perignon, Serrurier.

2. Les dix-neuf gueux d'Israël, disait saint Augustin, un des plus beaux génies qui aient existé, surnommé le *Docteur de la grâce*.

L'histoire d'Achab, de Naboth et de Jézabel, sera toujours bonne à raconter. C'est un des articles que, dans ma méthode, j'ai rédigés. Je vais en faire la lecture.

Un homme possédait une vigne dans Jezraël, ville de la tribu de Juda, dans le voisinage du palais du roi. Cet homme, c'était Naboth; ce roi, c'était Achab. Comme le prince désirait posséder ce petit domaine, il alla trouver Naboth. « Cède-moi ta vigne, lui dit-il, et je t'en donnerai une autre meilleure, ou, si tu le préfères, je te la payerai en argent. »

Quel ne fut pas l'étonnement du roi quand l'homme du peuple lui répondit : « Dieu me garde de te céder l'héritage de mes pères! » Ce refus de Naboth était d'autant plus légitime que, d'après la loi mosaïque, la vente du bien patrimonial entraînait une espèce de honte et de déshonneur.

Blessé par ce refus, Achab craint cependant d'imposer sa volonté royale; il recule devant la protestation énergique d'un homme simple et rempli de l'esprit des anciens jours.

Rentré dans son palais, il refuse de prendre son repas, se jette sur sa couche, le visage tourné du côté de la muraille.

Entre la reine; surprise, elle demande à son époux la cause de sa tristesse. Achab lui raconte son offre généreuse; il lui fait connaître le refus obstiné d'un nommé Naboth qui ne veut pas lui céder une propriété sans valeur; il insiste sur cette sorte de rébellion et sur l'impossibilité où il va se trouver de satisfaire aux justes exigences de la splendeur royale. « Vraiment, réplique ironiquement la reine, il faut avouer que vous

avez une grande autorité, et que vous gouvernez sin-
gulièrement le royaume d'Israël ; allons ! levez-vous et
mangez : c'est moi qui vous donnerai la vigne de Naboth. »

A ces mots, elle scelle de l'anneau royal la lettre
qu'elle vient d'écrire au nom d'Achab; elle charge les
anciens de la ville de punir un séditieux ; et, chose
singulière! la païenne Jézabel accuse Naboth d'avoir
blasphémé le nom de Dieu. Cette fois, hélas! comme
plus tard, des juges complaisants regardèrent par dessous le bandeau de la justice. De faux témoins vinrent
déposer contre l'innocent, et Naboth fut lapidé.

Joyeuse, triomphante, Jézabel dit alors à Achab :
« Venez prendre possession de la vigne que l'on n'a
pas voulu vous céder à prix d'argent : Naboth est mort. »
A cette nouvelle inattendue, le roi se dirige vers la terre
convoitée : mais un homme descendu des hauteurs du
Carmel, un homme suscité de Dieu, couvert de peaux
de bêtes et les reins entourés d'une ceinture de cuir,
l'attend à l'entrée. Cet homme, c'est ÉLIE : « Tu l'as
tué, s'écrie-t-il, et maintenant tu viens le dépouiller !
Voleur et meurtrier, voici ce que dit le Seigneur : « Ici
même, à la place où les chiens ont léché le sang de
Naboth, les chiens lécheront le sang d'Achab. »

Dieu laisse commettre des forfaits, mais Dieu les
punit. Quelle fut la fin d'Achab? Atteint par une flèche
mystérieuse sur son char de bataille, des flots de sang
s'échappent de sa blessure, et il meurt ; puis des chiens
viennent lécher son sang à l'endroit même où était
mort Naboth.

Quelle fut la fin de Jézabel, femme cruelle et impie?
Sur l'ordre de Jéhu, insensible à sa beauté, des eunu-
ques la précipitent des fenêtres de son palais ; son
corps est foulé aux pieds des chevaux, et son ca-

davre est dévoré par des chiens, ainsi que l'avait encore prédit Élie (applaudissements).

A ce sujet, il est bon de rappeler que Frédéric le
Grand, le roi philosophe, et Napoléon, un de ses ad-
mirateurs, respectèrent la propriété, l'un, du fameux
moulin de Sans-Souci, l'autre, de la misérable *échope du
champ de Mars*.

L'histoire d'Achab y fut-elle pour quelque chose?
C'est possible.

XIX

Les **dix-neuf** lettres renfermées dans *Frère Jacques
Clément*, et son anagramme:

C'est l'enfer qui m'a créé [1].

Vous savez, Messieurs, que l'on nomme anagramme
le sens fini auquel on parvient quand on dispose des
lettres d'un ou de plusieurs mots pour en former de
nouveaux [2].

XX

Le nombre **vingt** et l'histoire contemporaine de la
France?

C'est un 20 qu'a lieu le serment du jeu de paume (juin 1789).

---

1. Ce fanatique poignarda Henri III. Henri III **avait** fait assassiner
le duc de Guise au château de Blois, et il fut assassiné à son tour.
2. L'anagramme de Voltaire est: *ô alte vir!*

C'est un 20 qu'a lieu la fuite de Louis XVI (juin 1791).

C'est un 20 que la France déclare la guerre à l'Autriche (avril
1792).

C'est un 20 que le peuple envahit les Tuileries (juin 1792).

C'est un 20 qu'a lieu la bataille de Valmy (septembre 1792).

Les 20 députés Girondins morts sur l'échafaud politique (1793).

C'est un 20 que les Français font leur entrée à Amsterdam
(janvier 1795).

C'est un 20 que naît le roi de Rome (mars 1811).

C'est un 20 qu'a lieu le retour de l'île d'Elbe (mars 1815).

C'est un 20 qu'a lieu le Traité de la Saïnte-Alliance contre la
France (Septembre 1815).

Les **vingt** redditions ou capitulations dans notre funeste guerre contre les Allemands ?

> Reddition de Marsale.
> Reddition de Vitry-le-Français.
> Capitulation de Sedan.
> Reddition de Laon et explosion de la citadelle.
> Reddition de Toul.
> Reddition de Strasbourg.
> Capitulation de Soissons.
> Capitulation de Schlestadt.
> Reddition de Metz.
> Reddition du fort Mortier.
> Capitulation de Verdun.
> Capitulation de Neuf–Brisach.
> Capitulation de Thionville.
> Capitulation de la Fère.
> Reddition de Phalsbourg.
> Capitulation de Montmédy.
> Capitulation de Mézières.
> Capitulation de Rocroy.
> Capitulation de Péronne.
> Capitulation de Longwy.

Il y a des choses qu'il ne faut pas craindre de dire
plusieurs fois ; oui, loin de nous cacher nos malheurs,

regardons-les en face, afin d'en tirer une leçon pour l'avenir.

C'est ce que fit la Prusse de 1806 vaincue par Napoléon Ier.

XXI

Le nombre **Vingt-un** et le roi Louis XVI ?

C'est un 21 que l'anneau nuptial est remis à Vienne.
C'est un 21 qu'a lieu à Paris le gala nuptial.
C'est un 21 qu'on fête à l'Hôtel de Ville la naissance du Dauphin [1].
C'est un 21 qu'a lieu l'arrestation du roi à Varennes.
C'est un 21 que le roi meurt sur l'échafaud politique.

A cette énumération j'ajouterai l'année 1776, dont la somme des chiffres fait 21 ; c'est en effet en 1776 que Louis XVI commit sa plus grande faute politique, en se séparant de Malesherbes et de Turgot. Ce jour-là, on put faire un rapprochement entre Charles Ier d'Angleterre et le successeur de Louis XV.

Le **vingt-et-un** juin et le crépuscule à Paris ?

Les *réverbères*, paraît-il, ont été inventés en vue des voleurs des rues. C'est vous dire qu'au 21 juin, à Paris, nous sommes plus en sûreté qu'à toute autre époque de l'année. C'est qu'en effet, au solstice d'été, les deux crépuscules (du soir et du matin) se succèdent sans interruption, en sorte que ce jour là, dans la capitale,

---

1. Plus tard, Louis XVII, mort au emple.

il n'y a pas, à proprement parler, de nuit, ce qui nous garantit contre les malfaiteurs. Toutefois, il ne faudrait pas trop s'y fier.

XXII

Les **vingt-trois** jours de bombardement de Paris par la Confédération allemande[1].

XXIII

Le nombre **vingt-quatre** et Charles-Quint?

C'est un 24 que naît Charles-Quint (février 1500).

C'est un 24 qu'il est couronné empereur d'Allemagne à Aix-la Chapelle (octobre 1520).

C'est un 24 qu'il bat François Ier à Pavie (février 1525).

C'est un 24 que Ferdinand, frère de Charles-Quint, est couronné à Prague, à 24 ans, roi de Bohême (février 1527).

C'est un 24 que le royaume de Naples est assuré à Charles-Quint (décembre 1529).

C'est un 24 qu'il apaise la révolte des Pays-Bas (décembre 1540).

C'est un 24 qu'il abdique (1556).

Il est mort un 21 au lieu d'un 24; la différence n'est pas grande.

---

1. Du 5 janvier 1871 au 28 janvier du même mois.

XXIV

Les **vingt-cinq** années du Pontificat de saint Pierre à Rome[1].

Je passe à une question de géographie.

On est assez porté à croire qu'un *cours d'eau* qui a l'honneur de donner son nom à un département, doit avoir aussi celui d'en arroser le chef-lieu; le nombre suivant détruit cette grave erreur scolaire très-répandue.

Les **vingt-cinq** chefs-lieux de départements que n'arrosent pas les fleuves ou les rivières qui donnent leur nom à ces départements?

L'Ain ne passe pas à Bourg.

L'Aisne ne passe pas à Laon.

L'Ardèche ne passe pas à Privas.

L'Aube ne passe pas à Troyes.

Le Cher ne passe pas à Bourges.

La Creuse ne passe pas à Guéret.

La Dordogne ne passe pas à Périgueux.

La Drôme ne passe pas à Valence.

L'Eure ne passe pas à Èvreux.

Le Gard ne passe pas à Nîmes.

Bordeaux est sur la Garonne et non sur la Gironde.

L'Hérault ne passe pas à Montpellier.

Ni le Loir ni le Cher ne passent à Blois qui est sur la Loire.

La Loire ne passe pas à Saint-Étienne.

Le Loiret ne passe pas à Orléans.

La Meuse ne passe pas à Bar-le-Duc.

L'Oise ne passe pas à Beauvais.

L'Orne ne passe pas à Alençon.

Le Rhône ne passe pas à Marseille.

La Saône (Haute-Saône) ne passe pas à Vesoul.

---

1. Primitivement 8 ans à Antioche; total : 33

Ni la Seine ni l'Oise ne passent à Versailles.
Le Var ne passe pas à Draguignan.
L'eau de la fontaine de Vaucluse ne se voit pas à Avignon.
La Vendée ne passe pas à Napoléon-Vendée.
La Vienne ne passe pas à Poitiers[1].

XXV

Le nombre **vingt-sept** et Mgr Affre, ancien archevêque de Paris?

C'est un 27 qu'est né l'illustre prélat.
C'est à 27 ans qu'il a été ordonné prêtre.
C'est un 27 qu'il est mort victime de son dévouement pastoral
     (journées de juin).
C'est au double de 27 ans qu'il a rendu son âme à Dieu.

XXVI

Le nombre **vingt-huit** et les récents malheurs
de la France?

C'est un 28 qu'a lieu la reddition de Strasbourg par le général
     Uhrich.

----

1. La Charente coule au pied de la montagne sur laquelle est bâtie
la ville d'Angoulême. Quelques géographes disent : *Angoulême-sur-
la-Charente*. Dans le doute, je me suis abstenu.

Nevers est confluent de la Nièvre et de la Loire. Comme il peut y
avoir contestation, je me suis encore abstenu.

C'est un 28 qu'a lieu la reddition de Metz par le maréchal Bazaine.

C'est un 28 que la petite commune du Bourget est prise sur les Allemands par les francs-tireurs de la Presse ; mais elle est presque immédiatement reprise par nos ennemis.

C'est un 28 que les Allemands occupent Amiens.

C'est un 28 que commence le bombardement des forts de l'Est de Paris.

C'est un 28 que nous évacuons le plateau d'Avron[1].

C'est un 28 que les Parisiens mettent bas les armes.

C'est un 28 que l'Assemblée vote l'urgence sur le projet de loi relatif aux préliminaires de la paix.

C'est un 28 qu'a lieu à Bruxelles la première réunion des plénipotentiaires.

C'est un 28 que la Commune est proclamée à Paris.

C'est un 28 que la Commune tente un inutile et dernier effort.

Loin de moi, Messieurs, la pensée de croire qu'il y a une *cause* dans la persistance de certains nombres. Pas de mysticisme ; pas de science occulte ; pas de « fonctions providentielles et prophétiques ; » pas de fatalisme ; non, rien de tout cela ; j'ai procédé à un inventaire, et j'ai *classé méthodiquement* les faits utiles qui en ont été le résultat ; voilà tout ; ne voyez donc aucun mystère dans le langage des nombres ; rien de plus simple et de plus naturel. J'ai cru devoir insister sur ce point, afin d'aller au-devant de certaines interprétations qui tendraient à dénaturer ce que je me suis proposé de faire dans le seul intérêt des études.

---

1. Situé à l'extrémité orientale du département de la Seine. Plateau terminé par un sommet plat d'où l'artillerie française a, durant plusieurs semaines, battu en brèche les ouvrages prussiens pendant le siège de Paris.

XXVII

Les **trente et une** communes de l'arrondissement de Saint-Denis[1].

Je l'ai dit, et je le répète, la géographie locale avant tout.

XXVIII

Les **trente-six** cantons du département de Seine-et-Oise[2].

XXIX

Les **trente-sept** jours de bombardement de Strasbourg par les Allemands[3].

---

1. Canton de Neuilly : 4; canton de Courbevoie : 7; canton de Pantin : 10; canton de Saint-Denis : 10; en tout 31.
2. 685 communes.
3. On estime que la ville et les remparts ont reçu 193 722 projectiles.

XXX

Les **trente-huit** campagnes faites en personne par
Charlemagne [1].

XXXI

Les **quarante** années du règne de Saül.

Les **quarante** années du règne de David.

Les **quarante** années du règne de Salomon.

Les **quarante** communes de l'arrondissement de
Sceaux [2].

Les **quarante** jours de pluie et la Saint-Médard.

> Quand il pleut le jour de la Saint-Médard,
> Il pleut quarante jours plus tard ;
> Mais vient le bon saint Barnabé
> Qui peut tout réparer.

Les **quarante** de l'Académie française.

---

1. En tout 53 expéditions.
2. Canton de Sceaux : 12 ; canton de Charenton : 10 ; canton de Vil-
lejuif : 12 ; canton de Vincennes : 6 ; en tout 40.

XXXII

Je vous ai dit que j'avais fait une large part à la morale ; en voici la preuve.

Laissant de côté les maximes plus ou moins profondes des La Rochefoucauld, des Vauvenargues, des Confucius, etc., j'ai composé avec le nombre *cinquante* un *petit cours de morale scolaire et populaire.*

Je me borne à quelques citations.

Chiper, *c'est voler.* Je ne suis pas de ceux qui peuvent, à propos de chiper, qu'en changeant le mot, on change la chose. Il a plu aux écoliers, dans leur jargon, dans leur argot, de remplacer *dérober*, *voler*, par *chiper* ; soit, mais le vol n'en subsiste pas moins. L'objet dérobé, dira-t-on, est presque sans valeur : qu'importe ? on a foulé aux pieds le *scrupule* de s'approprier une chose qui appartient à un autre, et ce scrupule une fois mis de côté, l'enfant ne tardera pas à dérober un objet de valeur ; les petits vols conduisent aux grands. Tenez, Cartouche enfant, tout en se rendant au collége Louis-le-Grand, chipait à l'étalage une pomme, une poire, en un mot, une bagatelle..., et, plus tard, Cartouche fut roué vif comme voleur de grand chemin. C'est comme l'enfant qui se dirait : « Ce qui est à papa est à moi ; or, papa a oublié d'emporter la clef du tiroir où il met son argent ; donc, je puis lui prendre dix francs. » Et la preuve que l'enfant saura qu'il a mal fait, c'est qu'il en gardera le secret. Ce sont là de ces petits arrangements avec soi-même qu'une conscience droite et honnête n'hésite pas à repousser. L'enfant est surtout porté au *vol* et à *l'hy-*

pocrisie, l'hypocrisie que, soit dit en passant, Jésus combattit d'une manière implacable pendant les trois années de son ministère public sur la terre; eh bien! c'est aux parents, c'est aux maîtres à être d'une excessive sévérité pour les deux penchants que je viens de signaler. La route du mal vous le savez, Messieurs, est un plan très-incliné, et par conséquent très-rapide; à peine en haut, on est bien vite en bas, face à face avec la police correctionnelle, plus tard avec la Cour d'Assises, plus tard encore, peut-être, avec un certain instrument que je ne veux pas nommer.

La faiblesse des parents est fatale aux enfants.

Cet aphorisme n'a pas besoin de commentaires. A propos de cette faiblesse coupable des parents, à laquelle on oppose avec raison le dicton : *Qui aime bien, châtie bien,* je vous ferai remarquer que, souvent, trop souvent, les parents tiennent des propos imprudents devant leurs enfants. Ainsi, il arrive un jour que Papa et Maman se réjouissent tout haut du bonheur d'enterrer prochainement la *vieille tante* dont l'héritage va les enrichir, et Bébé, qui a tout entendu, de s'écrier : « Dis donc, Maman, quand tu mourras, j'hériterai de toi, n'est-ce pas ? » Bonne leçon donnée par l'espiègle à ses parents.

Une maison mal tenue est une maison perdue.
Une maison bien tenue nous retient au logis.

MARCEL A MORIN.

Et puis je ne me plais vraiment qu'à la maison.
Quand une chambre est saine et riante à ma vue,
Qu'on y trouve une armoire en linge bien pourvue,
Un livre sur la table, une lampe le soir,
On y revient sans peine, heureux de la revoir.

Mais ce sont les taudis et les foyers sans flamme,
Les bouges sans soleil pour le corps ni pour l'âme,
Et les réduits infects pleins de navrants secrets,
Qui font rester le pauvre au fond des cabarets.

MORIN A MARCEL.

Je vois cela d'ici.... — Mais il faut se distraire ?...

MARCEL A MORIN.

C'est ma confession que vous voulez donc faire ?
— Je n'ai rien à cacher, et je ne rougis point
De montrer ma façon de vivre sur ce point.
Je suis de ces rêveurs, charmés de leur trouvaille,
Dont l'esprit va son train lorsque la main travaille.
Et, quand je ne vais pas, — c'est là tout mon roman, —
Bras dessus, bras dessous, promener la maman,
— Car les mères aussi veulent être amusées ! —
Je dessine chez moi, je vais dans les musées,
Je suis les cours publics : il s'en fait à foison !
J'apprends tant bien que mal à forger ma raison.
A quoi sert d'habiter une pareille ville,
Si c'est pour y moisir comme une âme servile !
Ma mère, en nos longs soirs d'entretiens sérieux,
Des choses de l'esprit m'a rendu curieux.
Puis, on veut être utile, étant célibataire :
J'ai des sociétés dont je suis secrétaire ;
Car le ciel m'a donné, sans nulle ambition,
Des instincts au-dessus de ma condition !
On doit joindre au métier tout ce qui le relève,
Aider au bien qu'on voit par le mieux que l'on rêve ;
Travailler sans relâche afin d'être plus fort,
Et contre la misère user un moindre effort.
Et d'ailleurs, il le faut, monsieur : le flot nous pousse,
Et doit encor plus haut nous porter sans secousse
Arbre ou peuple, toujours la force vient d'en bas,
La sève humaine monte, et ne redescend pas !

Le chemin du cabaret est le chemin de l'hôpital.

MARCEL A MORIN.

L'absinthe? Ce poison couleur de vert-de-gris
Qui vous rend idiot sans qu'on soit jamais gris?
Merci ! — Le cabaret? l'ou sait ce qu'on y gagne !
Singulier goût d'aimer à battre la campagne !
Je n'ai jamais compris, sobre dès le matin,
Les éblouissements de ce comptoir d'étain !
Voyez-vous, ma raison, qu'un pareil soupçon blesse,
Fait de la tempérance un titre de noblesse.
La misère et le vice ont besoin de l'oubli :
J'aime trop mon bon sens pour le voir affaibli ;
Et nous n'avons pas trop de notre intelligence,
Nous autres, pour combattre et vaincre l'ignorance.

Les vers que je viens de vous lire, et qui s'adaptent si bien aux deux maximes morales que vous avez entendues, sont extraits de la pièce de théâtre intitulée les *Ouvriers* (dont le succès a été aussi populaire que le titre même du drame que je viens de rappeler) qui a été couronnée par l'Académie française. Je dirigerais une école, que pas un de mes élèves ne quitterait les bancs de la classe sans savoir par cœur les vers que j'ai récités : l'auteur est M. Eugène Manuel, écrivain de talent et de cœur, fonctionnaire juste et bienveillant.

Que dites-vous, Messieurs, de cette *route des nombres,* ainsi parsemée de *fleurs* et de *poésies?*

Oui, des vers des Dubos, des Gozlan, des Manuel, etc. C'est à ne pas y croire, et cependant cela est. C'est une route qu'à l'avenir tout le monde voudra suivre. Et, qui sait si un jour ne s'y trouvera pas un géomètre sorti des rangs du peuple ? Rendez les mathématiques agréables, et vous ferez des mathématiciens.

Désirez-vous que je vous parle du nombre **cinquante**

avec les différentes branches de l'enseignement? Je puis vous satisfaire :

Les **cinquante** coudées de large dans l'arche de Noé.

Les **cinquante** années de vie commune à Sem et à Isaac.

Les **cinquante** jours écoulés entre la sortie d'Égypte du peuple d'Israël et le campement dans la vallée du Sinaï.

Les **cinquante** jours compris entre la célébration de la Pâque juive et leur fête de la Pentecôte.

Les **cinquante** coudées de haut de la potence qu'Aman destinait à Mardochée [1].

Les **cinquante** années du ministère prophétique d'Élisée, disciple et successeur d'Élie.

Les **cinquante** jours compris entre la Résurrection de Jésus-Christ et la descente du Saint-Esprit sur les Apôtres.

Les **cinquante** ans de Mme de Maintenon à l'époque de son mariage secret avec Louis XIV [2].

---

1. 25 mètres.

2. Le roi en avait alors quarante-huit. Mme de Maintenon, que des historiens ont qualifiée d'austère intrigante, eut un grand empire sur l'esprit du roi. Il est incontestable qu'elle fit beaucoup de bien ; mais elle conseilla à son royal époux les choix malheureux des ministres Chamillard et Villeroi. Voici un quatrain de l'époque, où se trouve un jeu de mots assez spirituel :

Au Dauphin, irrité de voir comme tont va,
« Mon fils, disait Louis, que rien ne vous étonne
Nous maintiendrons notre couronne ! »
Le Dauphin répondit : « Sire, Maintenon l'a. »

XXXIII

Les **cinquante-deux** semaines de l'année.

XXXIV

Les **soixante** rayons terrestres de la terre à la lune[1].

XXXV

Les **soixante-neuf** habitants de la France par kilomètre-carré[2].

---

1. Le rayon de la Terre est d'environ 6366 kilomètres ; 60 fois cette longueur est la distance de la Terre à son satellite. Pour la distance du Soleil à la Terre, c'est 400. — *Conséquence* : la Terre est 400 fois plus près de la Lune que du Soleil.

2. C'est ce qu'on appelle sa *population spécifique*. — La superficie actuelle de la France est d'environ **52 millions** d'hectares, et comme elle est très-approximativement la $\frac{1}{1000}$ partie de celle du globe, celle-ci est de **52 billions** d'hectares,

La population actuelle de la France est de 36 millions d'habitants, nombre rond.

XXXVI

Les **soixante-dix** palmiers au désert d'Élim : histoire du peuple d'Israël.

Les **soixante-dix** jours du siége de Lyon au bout desquels la Convention nationale lui donne le nom de « **Ville affranchie.** »

XXXVII

Les **soixante-et-onze** communes, tant dans l'arrondissement de Sceaux que dans l'arrondissement de Saint-Denis [1].

XXXVIII

Les **soixante-douze** membres du Sanhédrin, ou le Tribunal des Juifs au temps de Moïse [2].

---

1. 1° 40 ; 2° 31. Saint-Denis est au *Nord*, et Sceaux au *Sud* de Paris. Paris est la plus grande ville du continent européen.

2. Au temps de Jésus, il y avait le grand et le petit sanhédrin. Le petit se composait de vingt-trois juges.

Les **septante-deux** vieillards chargés par Ptolémée-Philadelphe de traduire les livres saints en grec et en latin[1].

Les **soixante-douze** disciples choisis par Jésus pour aller évangéliser en son nom.

Les **soixante-douze** monastères fondés par saint Bernard[2].

Les **Soixante-douze** évêchés actuels de la France et des colonies?

XXXIX

Les **soixante-treize** jours de bombardement de Belfort par les Allemands, et sa défense héroïque.

Les **soixante-treize** articles de législation domestique renfermés dans les Capitulaires de Charlemagne?

Les **soixante-treize** ans du cardinal Fleury au commencement de son ministère sous Louis XV[3].

1. La version des Septante; on y consacra soixante-douze jours.
2. Il prêcha la seconde croisade.
3. Il mourut ministre au bout de dix-sept ans.

> Ci-gît, qui loin du faste et de l'État,
> Se bornant au pouvoir suprême,
> N'ayant vécu que pour lui-même,
> Mourut pour le bien de l'État.

Le cardinal Dubois, son prédécesseur, n'avait pas échappé à la satire du temps.

> Un bois dont on faisait les cuistres,
> Un cuistre j'étais autrefois;
> Et je suis aujourd'hui du bois
> Dont on sait faire les ministres.

XL

Les **soixante-quatorze** ans du connétable Anne de Montmorency, et sa mort[1].

XLI

Les **soixante-quinze** ans du pape Boniface VIII quand, revêtu de ses habits pontificaux, il tient tête à ceux qui l'outragent.

« Trahi comme Jésus, je mourrai, mais je mourrai pape. » Il revêtit le manteau de Saint-Pierre, mit la couronne de Constantin sur sa tête, prit en main les clefs et la crosse, et à l'approche de ses ennemis : « Voilà mon cou, voilà ma tête ! » leur dit-il.

« Bonnes gens, dit alors le pape à la foule qui l'entourait, vous avez vu que mes ennemis ont enlevé tous mes biens et ceux de l'Église. Me voilà pauvre comme Job. Je n'ai rien à manger et à boire. S'il y a quelque bonne femme qui me veuille faire aumône de pain et de vin, je lui donnerai la bénédiction de Dieu et la mienne. »

(Histoire de M. Guizot.)

---

1. Surnommé le Fabius français. Son austérité tournait à la rudesse. Des historiens le font mourir à 80 ans. L'épitaphe gravée sur une plaque de cuivre dans l'église de Montmorency est la preuve de cette erreur.

XLII

Les **soixante-seize** ans du retour périodique de la comète de Halley.

Que pensez-vous, Messieurs, d'une prédiction mathématique faite soixante-seize ans à l'avance, prédiction basée sur le principe de la *gravitation universelle*, alors surtout qu'il s'agissait d'un corps céleste que l'on regardait comme un météore? Cette comète de Halley fidèle au rendez-vous du calculateur, a été une éclatante manifestation scientifique de l'exactitude de la loi de Newton : *Deux corps célestes s'attirent en raison directe des masses, et en raison inverse du carré des distances.* » Cette découverte, avec ses sublimes applications, est une des preuves que si l'homme est petit dans le monde matériel, il est grand dans le monde des idées. Soit dit en passant que l'apparition subite d'une comète ne cause plus de frayeur. La suppression de cette idée superstitieuse est une des belles conquêtes de l'esprit humain. Vous le voyez, Messieurs, le langage des nombres nous pousse aux réflexions utiles; ce n'est pas là un de ses moindres avantages.

Les **soixante-seize** centimètres de la hauteur de la colonne mercurielle, ou la mesure de la pression de l'air atmosphérique.

XLIII

Les **quatre-vingts** années de la vice-royauté de Joseph en Égypte, et sa mort.

Les **quatre-vingts** ans de Moïse au commencement de son ministère public.

Les **quatre-vingts** Barons Bannerets morts à la fatale bataille de Crécy [1].

Les **quatre-vingts** jours de bombardement de Phalsbourg par les Allemands et sa défense heroïque.

Les **quatre-vingts** quartiers municipaux de Paris.

XLIV

Rappelez-vous, Messieurs, que je vous ai dit que le **quatre-vingt-deux** était un nombre réfractaire. Voici, à peu près, tout ce que j'ai à vous dire sur son compte. Peut-être que, dans vos recherches, vous serez plus heureux que moi. Une communication de votre part me ferait grand plaisir.

Les **quatre-vingt-deux** chefs qui exercèrent le commandement en Israël depuis les temps les plus anciens jusqu'à l'époque la plus reculée?

Les **quatre-vingt-deux** ans de Daniel miraculeusement sauvé dans la fosse aux lions.

Les **quatre-vingt-deux** livres saints renfermés dans la Bible?

---

1. Le Banneret était celui qui avait le droit de porter bannière à la guerre.

Les **quatre-vingt-deux** années comprises entre le Concile de Nicée qui condamna les Iconoclastes, et le concile général qui condamna Photius, célèbre patriarche schismatique de Constantinople.

Les **quatre-vingt-deux** ans de l'infortuné Pie VI lors de son internement au palais des papes, à Valence, par ordre du Directoire.

———

XLV

Les **quatre-vingt-six** départements actuels de la France, l'Algérie non comprise [1]?

———

XLVI

Les **quatre-vingt-sept** ans d'intervalle entre l'édit de Nantes rendu par Henri IV, et sa révocation par Louis XIV [2].

———

1. 21 dans le bassin du Rhône; 21 dans celui de la Loire; 19 dans celui de la Garonne; 18 dans celui de la Seine; 6 dans celui de la mer du Nord; enfin, la Corse.
2. 1685-1598 = 87.

XLVII

Les **quatre-vingt-onze** ans de service militaire de Jean Thurel, soldat du régiment de Touraine[1]?

XLVIII

La Constitution de **Quatre-vingt-treize**[2].
Les **quatre-vingt-treize** jours d'été.

XLIX

Les **quatre-vingt-quatorze** dents du Dauphin vulgaire[3].

L

Les **quatre-vingt-dix-huit** dents du Tatou Cabassou du Paraguay[4].

---

1. Mort à Tours à l'âge de 108 ans.
2. C'est à cette date qu'il faut reporter la création du *Tribunal révolutionnaire* et du *Comité de Salut public*. La Constitution de 93 déléguait au peuple les pouvoirs les plus illimités.
3. 47 en haut, et 47 en bas.
4. 50 en haut et 48 en bas. L'Amérique est le pays des *Édentés*

La Nature nous aurait joué un bien vilain tour si, comme à ce Tatou, elle ne nous avait donné que des molaires, ce qui nous aurait condamné à ne manger que des aliments mous et tendres. Et alors, pauvres Parisiens, que serions-nous devenus pendant le siége avec notre viande de cheval et de chien qu'il nous fallait déchirer avec de bonnes incisives!

On a bien raison de dire que « Tout est dans tout », car, voici qu'à propos des *dents molaires*, je vais vous parler de celui qu'on avait surnommé l'*Achille de l'Angleterre*. Oui, ces molaires me remettent en mémoire la manière vraiment singulière dont fut reconnu le corps presque entièrement dépouillé de lord Talbot, qui se fit bravement tuer avec son jeune fils en Guyenne, près de Bordeaux.

Ce général, célèbre dans l'histoire de nos guerres avec l'Angleterre, tomba sur le champ de bataille au combat de Castillon.

Le vieux guerrier, placé sur un bouclier, était tellement défiguré par les blessures qu'il avait reçues, qu'on hésitait à le reconnaître, lorsqu'un héraut anglais, qui, depuis quarante ans, était attaché comme officier d'armes à la personne du comte, se mit à dire : « Je vais lui mettre le doigt dans la bouche; s'il lui manque une *dent molaire*, ce sera lui. » C'est, en effet, ce qui eut lieu.

Vous vous rappelez que ce Talbot assistait au siége d'Orléans et que, malgré sa valeur militaire, il ne put

---

(Fourmilier, Pangolin), comme l'Australie est celui des *Marsupiaux*. Le Tatou désigné ci-dessus (3^m,50 de long), est rangé parmi les édentés parce qu'il n'a que des *molaires*; il lui faudrait les incisives, les canines et les molaires pour être ce qu'on appelle un mammifère bien denté.

contre-balancer la bonne fortune de Charles VII secou-
rue par la vierge de Domremy.

Ce même Talbot, c'est triste à rappeler, avait été fait
maréchal de France par Henri VI, roi d'Angleterre,
alors que la presque totalité de notre pays était placée
sous la domination anglaise. Et cependant, quoique à
deux doigts de sa perte, la France ne périt pas; pourquoi? Parce que Dieu veillait sur elle, et que le bras
d'une jeune fille des champs fut l'instrument de sa
puissance. Aujourd'hui, réduite, mutilée, écrasée par
une dette énorme, restera-t-elle debout? Oui, si faisant un retour à Dieu qui l'aime, la fille aînée de l'É-
glise sait de nouveau mériter son appui.

J'en ai fini avec le **quatre-vingt-dix-huit** qui
a été mis en scène par un Tatou.

LI

Voici un nombre que vous connaissez tous :

Les **quatre-vingt-dix-neuf** moutons et un Champenois.

Cette anecdote populaire est loin de prouver la
bêtise du Champenois; on prétend que, comme le Normand, il est, au contraire, très-malin.

LII

Me voici enfin arrivé au nombre **cent** qui, je vous l'ai

dit, est ma limite extrême ; comme il est abondamment pourvu, je ne ferai que quelques citations.

Les **cent** années consacrées à l'arche de Noé.

Les **cent** ans d'Abraham à la naissance d'Isaac.

Les **cent** Philistins que David doit tuer pour devenir le gendre de Saül.

Les **cent** ans du prophète Élisée, et sa mort.

Les **cent** ans de Tobie le père, et sa mort.

Les **cent** ans de Saint-Jean l'Évangéliste, et sa mort l'an **cent** de l'ère chrétienne.

Le **centenaire** de saint Pierre et de saint Paul [1].

Les **cent** années d'intervalle entre le traité d'Andelot et la fin de la lutte entre l'Ostrasie et la Neustrie.

Les **cent** années d'intervalle entre le commencement et la fin des conquêtes des Arabes [2].

Les **cent** années de lutte comprises entre la première apparition sur le trône d'un descendant de Robert le Fort et l'avènement de Hugues Capet [3].

La guerre de **cent** ans [4].

Les **cent** années d'intervalle entre le traité de Cateau-Cambrésis et celui des Pyrénées [5]?

Les **cent** vaisseaux de guerre créés par Colbert.

Les **cent** mariages populaires célébrés à Notre-Dame de Paris, à l'occasion du mariage de Louis XV, et de Marie Leczinska fille de Leczinski, roi de Pologne.

Pendant la cérémonie, on donna la liberté à **cent**

---

1. Le dernier a eu lieu le 26 juin 1867.
2. De 632 à 732.
3. De 888 à 987 (à 1 an près).
4. De 1337 à 1437 (plus exactement, de 1337 à 1453).
5. De 1559 à 1659.

oiseaux dans l'église même où se faisaient les **cent** mariages ; cela donna lieu au quatrain suivant :

> Dans Notre-Dame de Paris
> Cent oiseaux sortent d'esclavage ;
> Cent filles, cent garçons en même temps sont pris
> Au trébuchet du mariage.

Les **cent** ans de M. de Fontenelle, et sa mort.

L'illustre auteur de la *Pluralité des mondes*, sentant sa fin prochaine, ne désirait plus qu'une chose : vivre encore quelques mois pour pouvoir manger une dernière fois des *fraises* [1].

Les **cent** divisions du thermomètre centigrade.

Les **cent** ans, ou la période séculaire.

Le *dix-neuvième siècle* a commencé le 1er janvier 1801, et le *vingtième* commencera le 1er janvier 1901.

Ma tâche est terminée. J'ai fait passer sous vos yeux un petit *Panorama scolaire*. Je dis petit, parce que je n'ai déroulé devant vous qu'une faible partie des matériaux que j'ai amassés ; à peine vous ai-je parlé des nombres ayant trait à la grammaire, à l'arithmétique et à la musique. Néanmoins, vous devez avoir une idée du *langage des nombres*, et du parti que vous pourrez en tirer, si, comme je l'espère, vous le mettez en pratique.

Un de ses précieux avantages est de mettre de l'ordre dans ses idées. Vous rencontrerez dans le monde des personnes sachant énormément de choses, mais, faute de méthode, tout est confus dans leur esprit : ce sont des *bibliothèques en désordre*.

---

1. Ci-gît Paul, qui, docile à cet avis du Sage-
« Dans tout ce que tu fais, hâte-toi lentement »
Pour aller dans l'autre monde alla tout doucement,
Et mit cent ans entiers à faire le voyage. »

Avec le langage des nombres basé sur les *analogies*, on est à l'abri de cette infirmité morale.

Encore un mot, et j'ai fini. J'emprunte mes dernières paroles à une question toute d'actualité, étrangère au sujet que j'ai traité devant vous. Il y a un mot qui est dans tous les cœurs et sur toutes les lèvres. Lequel ? *Revanche*. Et moi, aussi je la veux cette revanche, mais conditionnellement.

A la condition que nous aurons moins d'*esprit*, et plus de *bon sens*.

A la condition qu'on fera disparaître ces caricatures immondes indignes d'un pays civilisé.

A condition qu'on se hâtera de déraciner cette plaie hideuse de notre société civile et militaire, qui s'appelle l'*ivrognerie*[1].

A la condition que nous préparerons des hommes et non des bavards.

A la condition que nous respecterons la morale, la religion, le principe d'autorité et la *discipline*.

A la condition que les jeunes gens apprendront à obéir, pour, plus tard, être dignes de commander.

A la condition que nous aurons dans nos rangs de forts gaillards ayant bon pied, bon œil, et non cette génération grotesque de jeunes vieillards de 20 ans, avec leurs pâles couleurs, leurs vapeurs, leurs migraines et leurs maux d'estomac.

Oui, à la condition qu'une génération nouvelle, forte et vaillante, remplacera celle des phthisiques, des scrofuleux, des myopes et des aveugles.

A la condition, en un mot, qu'avant de chercher à prendre la revanche sur les autres, nous commence-

---

1. Les libres.... buveurs augmentent dans une effroyable proportion. L'alcoolisme nous tue : « *Aux grands maux les grands remèdes.* »

rons par la prendre sur nous-mêmes. — Alors, et alors seulement, nous pourrons dire à nos vainqueurs d'aujourd'hui : « Venez, nous vous attendons de pied ferme; cette fois nous sommes prêts, et cette fois vous serez vaincus. » Mais quand? Dieu seul le sait.

J'ai fini; j'ai dépassé l'heure, je le sais; mais, à qui la faute? On ne se sépare pas facilement, malgré trente degrés de chaleur, d'un auditoire sympathique et bienveillant.

E.-A. Tarnier.

Typographie Lahure, rue de Fleurus, 9, Paris.

COURS DE MATHÉMATIQUES PURES ET APPLIQUÉES

PAR E. A. TARNIER

Premiers exercices de calcul mental, à l'usage des enfants. Trois tableaux. Livret explicatif (Librairie Belin, rue de Vaugirard, n° 52).

Premières notions de système métrique, à l'usage des enfants. Carte murale. Mesures en vraie grandeur. Livret (Chez Belin).

Petite arithmétique des écoles primaires. — Format in-18, 5ᵉ édition. Adoptée pour les écoles communales de la ville de Paris (Librairie Hachette).

Solutions raisonnées des problèmes renfermés dans l'ouvrage précédent (Hachette).

Nouvelle arithmétique théorique et pratique. — Format in-12. 5ᵉ édition. Ouvrage adopté pour les écoles communales de la ville de Paris (Hachette).

Éléments d'arithmétique théorique et pratique. 7ᵉ édition. Enseignement secondaire (Hachette).

Application de l'Arithmétique aux opérations pratiques. — Format in-12 (Hachette). Approuvé par la Commission des livres.

Solutions raisonnées des problèmes proposés dans l'ouvrage précédent. Format in-12. 2ᵉ édition (Hachette). Approuvé.

Exercices sur l'Arithmétique, en collaboration avec M. Bos. Format in-12 (Hachette).

Réponses aux exercices proposés dans l'ouvrage précédent. Format in-12 (Hachette).

Petit traité d'algèbre. — Format in-12 (Hachette).

Éléments d'algèbre. — Format in-8. 5ᵉ édition (Hachette).

Traité d'Algèbre (Mathématiques spéciales) en collaboration avec M. Dieu. Format in-8 (Hachette).

Application de l'Algèbre aux problèmes du baccalauréat ès sciences. Format in-8 (Hachette).

Nouvelle théorie des logarithmes. — Format in-8 (Hachette).

Éléments de Trigonométrie. — Format in-8. 4ᵉ édition (Hachette).

Atlas du système métrique. 2ᵉ édition (Hachette).

Livret explicatif. — Format in-8. 2ᵉ édition. Approuvé.

Carte murale du système métrique. 2ᵉ édition. Les mesures, non en vraie grandeur, sont à l'échelle 1/2.

Nouvelle carte murale du système métrique : mesures *légales*, *effectives*, en vraie *grandeur*. Approuvée par la Commission des livres (En préparation).

Tableau résumé de l'arithmétique. — 55ᶜ sur 46ᶜ (Librairie de Gauthier-Villars, quai des Augustins, n° 55).

Tableaux (Sept) **de la Géométrie pratique.** Mêmes dimensions que ci-dessus. Éducation professionnelle de l'œil et de la main, pour les deux sexes (Gauthier-Villars).

Atlas de la Géométrie pratique (Idem).

Ouvrage explicatif. — Format in-8. Figures dans le texte pour la partie supplémentaire.

NOTA. La *médaille d'argent* a été accordée à l'auteur par la Société pour l'enseignement élémentaire pour son cours de Géométrie pratique.

Éléments de Géométrie rationnelle. — Format in-8. Enseignement secondaire (En préparation).

Typographie Lahure, rue de Fleurus, 9, à Paris